国外土木建筑工程系列

图解 防火安全与建筑设计

[日]日本建筑学会 编

季小莲 译

U0347969

中国建筑工业出版社

著作权合同登记图字：01—2015—0766 号

图书在版编目（CIP）数据

图解　防火安全与建筑设计／（日）日本建筑学会编；季小莲译．—北京：中国建筑工业出版社，2017.5
　（国外土木建筑工程系列）
　ISBN 978-7-112-20516-5

　Ⅰ.①图…　Ⅱ.①日…②季…　Ⅲ.①建筑物-防火系统-建筑设计　Ⅳ.① TU892

中国版本图书馆 CIP 数据核字（2017）第 048228 号

责任编辑：白玉美　率　琦
责任校对：王宇枢　张　颖

图解　防火安全与建筑设计
[日]日本建筑学会　编
季小莲　译
＊
中国建筑工业出版社出版、发行（北京海淀三里河路 9 号）
各地新华书店、建筑书店经销
北京嘉泰利德公司制版
北京市密东印刷有限公司印刷
＊
开本：787×1092 毫米　1/16　印张：9　字数：209 千字
2018 年 1 月第一版　2018 年 1 月第一次印刷
定价：**29.00** 元
ISBN 978-7-112-20516-5
　　　（30216）

版权所有　翻印必究
如有印装质量问题，可寄本社退换
（邮政编码 100037）

< 编辑 >

吉田克之　（株）竹中工务店

滨田信义　滨田防灾计划研究室

佐藤博臣　（株）ERS

〈执笔〉（按执笔顺序，（）内数字表示页数）

挂川秀史　清水建设（株）（10-15，95，98，126-129，132，133）

佐藤博臣　（株）ERS（16-25）

佐野友纪　早稻田大学（26，27）

嶋田　拓　（株）明野设备研究所（28-33）

土屋伸一　（株）明野设备研究所（34-41）

岸本文一　（株）明野设备研究所（42-45）

太田　充　（株）明野设备研究所（46-55）

井田卓造　鹿岛建设（株）（47，107）

水落秀木　清水建设（株）（58-65，68-71，105，115）

滨田信义　滨田防灾计划研究室（66，67）

吉田克之　（株）竹中工务店（73-79，84-87，102，106，108，120-123，130，131）

八岛宽治　（株）竹中工务店（80-83）

竹市尚广　（株）竹中工务店（88，91，96，97，99-101，103，104，112，116 118）

広田正之　清水建设（株）（89，124，125）

福井　洁　（株）日建设计（90，111）

本井和彦　（株）竹中工务店（92）

村冈　宏　（株）大林组（93）

栗冈　均　鹿岛建设（株）（94）

安藤忠雄建筑研究所（109）

宫本圭一　鹿岛建设（株）（110）

铃木贵良　安宅防灾设计（株）（113，114）

谷口　元　名古屋大学（119）

池田宪一　清水建设（株）（134，135）

土桥常登　日本建筑综合试验室（136-139）

〈图〉（用"图所在页数的［图号］"表示）

森芳信　（株）日建设计

15[6，7，9，10]，16[3]，19[框中图]，20[4]，21[5]，22[1，2]，24[1]，28[4]，29[5，9]，31[4]，32[5，6]，33[9，框中图]，34[2]，35[5-7]，36[2]，37[3-5]，38[6-9]，39[10-12]，40[13，14]，41[15]，42[1，2]，43[4，5]，44[7]，45[8，10]，46[11，12]，47[15，16]，48[3]，50[8，9，11]，51[12]，52[4]，53[6，7]，54[12]，55[13-15]，59[5，6]，63[4]，74[1]，85[框 中 图]，89[5]，98[2]，99[6]，126[1，3]，132[1，2]，134[1-3]

序

在对建筑物的性能要求中，防火是非常重要的性能之一。为了保证建筑的防火安全，建筑法规和消防法规中详细规定了与其相关的各项内容，为保证建筑安全发挥着作用。但是建筑师们对法规中的许多规定不满也是事实。在他们的眼中，法规中的规定是立足于过去的经验，或从纯技术的角度制定的，已经对建筑空间的设计形成制约，成为创意空间设计的壁垒和障碍。在这种背景下，建筑基准法于2000年6月进行了重新修订，增加了性能化设计的内容。这一修订正如改版初衷所期待的，从增加设计自由度的层面为超前建筑的设计带来了契机。最近，通过性能化设计创造出的形式多样、设计合理的建筑大量涌现。

纵观今日的建筑世界，从建筑形态到空间构成、使用材料都展现出多样化的趋势。在日本有很多富于创意的建筑，但很少有人知道其中的很多建筑是克服了法规的壁垒才得以实现的。这主要是因为与建筑相关的媒体很少报道这方面的内容。与建筑设计相关的专业传统上分为：建筑（外观）设计、结构设计和设备（环境）设计；最近又新增加了防灾设计。许多新颖的建筑得以实现，是因为防灾设计，即防火安全设计的专业在其中发挥着举足轻重的作用。

现实中很多建筑师在考虑防火安全上只是确认是否满足相关法规的要求。但是仅仅满足法规的要求并不能认为建筑在安全上是万无一失的，还可能出现一些蹩脚的建筑。不少建筑师考虑到法规的限制，在设计的初期阶段就无意识地打消了很多富有新意的想法。如果他们掌握防火安全设计的技术，或了解防火设计原理，或借助专业人员的帮助，也许受法规限制看似无法实现的创意将变成可能，甚至以此为基础延伸出更多更有新意的建筑。

现在关于防火安全设计的书籍虽然很多，但存在着不是过于专业，就是涉及内容有限或技术过时的问题。本书全面介绍了与防火安全设计相关的基础内容和应用实例，其目的就是通过介绍近年来性能设计的实例，使设计从业人员在掌握防火安全设计的必要性和相关技术的同时，了解建筑设计与防火安全的关联性。

我们衷心期待建筑师、建筑施工人员、从事防火安全设计的专业人员、从事建筑维修的管理人员以及建筑行政管理人员等都能充分利用本书，期待本书的出版能使今后的建筑设计在保证防火安全设计思想和可靠技术的基础上得以自由发挥，合理、安全的建筑不断涌现。

本书能顺利出版，得益于许多在一线从事建筑防灾工作的设计者和研究者的加入，得益于以建筑开发商为首的很多企业所提供的大量资料。另外，森芳信先生为本书绘制了插图。在此对为本书的撰写提供帮助的所有相关企业和人员，以及编辑小组成员表示衷心的感谢。

主任　吉田克之

本书出版的经过及编辑原则

修订建筑基准法的动机是为了增加性能设计的内容，以此为契机成立了"日本建筑学会建筑防灾规定研究小组"（1990~2002 年）。该小组的任务是探索建筑法规应有的位置，提出修正法案的要求文件，对实施法规和告示的修改方案提出意见和建议，并对修改后的法规和告示内容进行详细讨论和研究。

在这一过程中，随着另行实施的建筑审批手续的修订，作为国家审查体系的《建筑防灾设计评定》原则上被废止。这使该编辑组的成员意识到，评定大型建筑或高层建筑的防灾计划时，不应只考虑其是否满足规范，更应该从本质上审查整体设计方案是否合理。由于建筑防灾设计审查制度被废除，其指导文件《建筑防灾设计手册》也失去了存在的意义。

在此背景下，有必要出版一本新的设计手册，为建筑设计者展示什么是"真正的防灾设计"，并且讲解性能规定的活用方法，这是撰写本书的初衷。

本书的第 1 章讲解防灾计划的必要性和防灾设计的基本概念，第 2 章讲解防灾计划的各种技术、措施分类和原理，第 3 章讲解在实际设计应用中设计图纸应标明的防火对策的深度。第 4 章讲解不同建筑用途应考虑的防灾事项，同时登载了大量性能设计的应用实例。第 5 章介绍性能设计的相关技术，包括疏散安全和烟扩散性状预测、火灾延烧的防止、耐火设计等性能评价的方法，还介绍了材料、构件的试验方法。

本书的内容组成与普通读物的写法不同，每项内容共有两页，图文并茂，以图片为中心进行详细说明，其构成类似于"百科词典"。选用的设计实例原则上为近年来的实例，但也刊登了一些比较早的实例。这样做的理由是，通过再现其时设计人的各种智慧和努力，激励后来人也能够精益求精，不断创新。另外文中所列参考文献并不都是文中资料或数据直接引用的原始文献，有些是编者为了方便读者理解选取的认为有价值的文章。

我们期望本书不仅能成为专业技术者的指南，还能成为以建筑师为首的建筑相关从业人员的常用手册。

干事　滨田信义

目　录

1. 防火安全理念

1.1	防火安全设计与危机管理	10
1.2	防火设计方法	12
1.3	防火对策分类和组成	14
1.4	火灾的基本知识	16
1.5	火灾的实际状态及初期火源	18
1.6	室内火灾	20
1.7	烟的扩散及火灾的发展	22
1.8	耐火建筑的火灾形状特点及喷出火焰	24
1.9	火灾及人	26

2. 防火安全技术

2.1	预防火灾	28
2.2	早期发现和信息传递	30
	（1）火灾发生状况及火灾探测器	30
	（2）火灾警报设备、火灾警报器	32
2.3	疏散安全	34
2.4	防排烟技术	36
	（1）防排烟设施分类和防烟分区	36
	（2）排烟计划	38
	（3）空调通风与中厅	40
2.5	防止火灾延烧	42
	（1）防火分区	42
	（2）防火分区及性能要求	44
	（3）防火阀和防火卷帘	46
2.6	灭火及救援	48
	（1）灭火设备	48
	（2）消防活动和防灾中心	50
2.7	耐火结构及延烧防止	52
	（1）防倒塌、防火和耐火结构	52
	（2）耐火保护、涂料和木质耐火结构	54
2.8	维护管理	56

3. 防灾计划在图纸上的表现形式

    3.1   设计阶段和防灾计划   58
    3.2   消防布置设计   60
    3.3   平面设计   62
        （1）核心区布置   62
        （2）按用途分类的防火分区和防烟分区   64
    3.4   剖面设计   66
    3.5   立面设计   68
    3.6   吊顶设计   70
    3.7   细部构造   72
        （1）专用疏散楼梯、消防电梯、前室   72
        （2）楼梯、应急用入口   74
        （3）阳台   76
        （4）消火栓、排烟设备   78
        （5）防火分区隔墙   80
        （6）防火设备防火门   82

4. 各种用途建筑的防灾计划

    4.1   超高层建筑   84
        （1）超高层建筑的特征   84
        （2）超高层办公楼的平面布置（1：2000）   86
    4.2   写字楼建筑   88
        （1）写字楼建筑的特征   88
        （2）建筑外立面、吊顶   90
        （3）小型办公楼   92
        （4）防火卷帘和自有防耐火技术   94
    4.3   超高层集合住宅   96
        （1）住宅火灾的特征   96
        （2）加压防烟系统   98
    4.4   商业店铺   100
        （1）商业店铺火灾的特征   100
        （2）加压防烟排烟系统   102
        （3）大型商场疏散计划   104

4.5 集会设施 106

4.6 展览设施 108
  （1）展览设施的防灾、疏散计划／无排烟设备 108
  （2）连续排列的展览空间、一体空间 110

4.7 学校 112
  （1）学校火灾的特征 112
  （2）阶梯式大空间、对外开放的大厅 114

4.8 医院 116
  （1）医院的防灾计划 116
  （2）大型医院的防灾设计 118

4.9 大型体育场馆 120
  （1）大型体育场馆的防灾计划 120
  （2）建在寒冷地区的大型多功能穹顶式建筑 122
  （3）大跨屋面建筑的耐火设计 124

5. 性能化设计评价技术

5.1 疏散安全性评价方法 126
5.2 疏散需要时间和烟下沉时间的预测方法 128
5.3 疏散计算的图解法 130
5.4 防止火灾延烧性能的评价技术 132
5.5 耐火设计与耐火性能评价 134
5.6 试验方法 136
  （1）防火材料 136
  （2）防耐火结构、防火设备、防火分区 138

1.1
防火安全设计与危机管理

防火安全设计 [1][2]

在WHO（世界卫生组织）于1948年制定的宪章中，把安全性列为人类生活环境中必备的第一条件。

这一规定对于为人们提供生活环境的建筑同样适用。本书中的防火安全设计是指为确保建筑物及建筑使用人的安全而实施的各项计划。

建筑物一旦发生火灾，火灾结果造成的危害涉及的范围很广 [2]，不仅有短期的影响，还有对环境污染等长期的影响。危害程度由建筑用途和规模等因素决定。

因此，在进行防火设计时，有必要先预设火灾发生时的危害状态，为了将火灾的危害控制在最小范围内，应从建筑布局、设备设置、结构主体的耐火性能等多方面进行考虑。

为实现防火安全目标，各相关人员的作用以及风险沟通 [3][4]

为了实现防火安全设计目标，不仅要在设计阶段提出具体的性能化目标，而且必须保证按照设计意图施工，并且在建筑使用过程中努力提升防火性能。

在从建筑设计到维护管理的建筑全寿命周期内，防火安全不只与设计人有关，而且与参与其中的每个人都有关联，每个人都有相应的责任。每一位相关者不仅应完成好自己的工作，还应与相关人员进行必要的危险信息交流，这种危险信息交流被称为风险沟通（risk commination）。比如在建筑设计阶段，建筑设计人员与房产所有人探讨建筑性能目标和产品规格等，以求达成共识；在维护管理阶段，房产所有人、建筑管理人向使用者说明必须遵守的使用注意事项，确保防火性能目标的实现等。

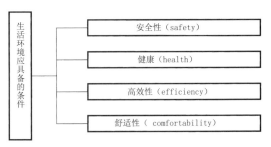

[1] WHO宪章中规定的人类生活环境应具备的条件

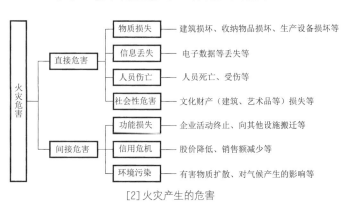

[2] 火灾产生的危害

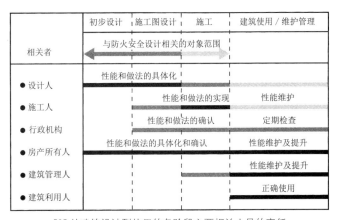

[3] 从建筑设计到使用的各阶段主要相关人员的责任

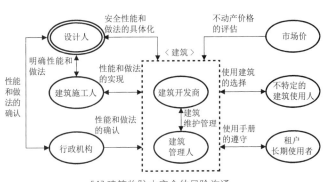

[4] 建筑物防火安全的风险沟通

应对方法		定义	应对事例
风险资金	承担风险	• 不采取任何措施，承担损失赔偿责任	公司内预留赔偿准备金等
	转移风险	• 签订保险合同等，利用金融产品补偿损失	伤害保险等
风险控制	减少风险	• 减少火灾发生频度，当火灾发生时防止损失扩大化	采取预防措施等
	规避风险	• 消除可能发生火灾的隐患防止火灾发生	限制设施的不当使用等

[5] 应对火灾危机的方法

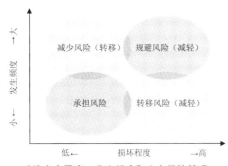

[6] 灾害程度、发生频度和火灾风险管理

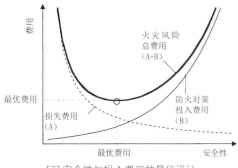

[7] 安全性与投入费用的最优设计

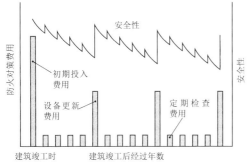

[8] 建筑竣工后安全性变化及防火对策的投入费用

火灾风险管理 [5][6]

进行防火安全设计时，在确定具体的防火对策之前，首先要决定火灾风险应对方法。

火灾风险应对方法可分为四种。选用哪种方法应在考虑火灾发生频度和风险程度的关联性的基础上，由房产所有人或设计人决定。

防火安全设计的目的是为了减轻火灾的危害，为了减少火灾损失，还应该采取参加火灾保险、进行设施利用限制等非防火安全设计范畴的措施。

安全性与投入费用的最优化 [7]

防火安全设计是在有限的投入资金范围内保证对象建筑物的安全，并根据对象建筑物的特点确定防火安全措施。

从安全性与费用的关系可以看出，安全性高时损失费用低，但投入资金急剧增加；安全性低时投入费用降低，但当火灾发生时的损失费用增加。

因此，为了得到合理和经济的防火设计方案，应找出安全性与费用的平衡点，即防火对策的投入费用和损失费用之和为最小值时的点。

建筑的生命周期与费用 [8]

使用期间建筑防火的安全性与竣工时是不同的，是随着使用期间防火设备的老化和使用状态等发生变化的。一般情况下防火性能随着使用年限的增加会降低。但是通过日常管理，定期检查防火设备和进行设备更新等，可以保证建筑物防火安全的长期性。

另一方面从防火对策费和建筑生命周期的关系可以看出，防火对策费包括初期投入费用和维护管理时的运营费用（更新设备和定期检查）。

所以进行防火安全设计时，不应该只考虑初期投入费用，还应该从包括运营费用在内的建筑全寿命周期的观点出发，对安全性和防火对策费用的关系进行深入研究。

按照建筑特点制定防灾计划 [1]

防火性能除了与建筑平面布置有关外，还与使用者的特点、使用状况等因素有关。因此在不同的条件下，火灾的延烧方式、疏散路线等也各不相同。设计人只有在研究了各种因素关联性的基础上进行设计，才能从整体上保证设计对象的防火安全性。

在建筑基准法、消防法等法规中，以防火相关规定的形式给出了防火对策。一般设计多以满足规范要求作为设计的最终目标。但是法规是设计的"最低标准"，其中规定的内容只是保证防火性能目标需要验算内容的一部分。进行防火设计时，只有深入了解建筑使用状况，以更开阔的视野寻求解决方案，才能得到符合建筑实际情况的安全空间。

确保使用阶段的安全性 [2]

发生的火灾事故中，造成火势扩大的主要原因有两种。一是使用阶段中人员、组织的问题；二是建筑使用不当的维护管理问题。

人员组织的问题主要表现为紧急情况发生时应急行动不当，这起因于管理人和使用者的意识和行动。

建筑使用的问题表面上看是维护管理的问题。但从防火设计的观点考虑，其原因可以归结为使用者对建筑的使用方法与设计人的设计意图不一致。

建筑构造的问题主要是施工阶段的防火对应方法不当，由此可以看出对施工进行监管的重要性。

为了解决上述问题，首先在施工阶段应监管到位；除此之外更重要的是应让建筑管理人、利用者充分了解维护管理的重要性。比如，除了在图纸上标明防火防烟分区的位置和防灾设备的布置情况外，明确指出防火卷帘等防灾设备在火灾时不工作将造成怎样的后果的宣示效果会更加有效。

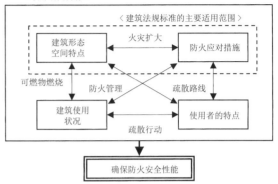

〈设计研究内容〉

[1] 与防火设计相关的要因和安全性保证

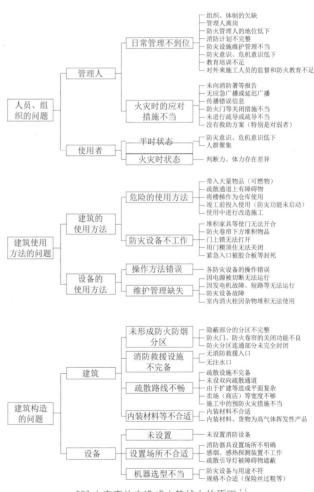

[2] 火灾事故中造成火势扩大的原因 [1]

	规格设计	性能设计
设计原理	先明确构件或设备等的具体规格，然后根据设计要求确定各种措施的条件	先明确对建筑物的防火性能要求，然后利用工学评价手段（计算或试验等）对采取的措施（方法）是否能够达到性能目标进行验证
优点	• 即使不完全了解防火安全知识，也能保证一定的安全性 • 是否满足规范要求易于判断	• 使采用创新空间或新型材料的设计成为可能 • 可同时采用多种防火对策，选择设备的灵活性强，设计自由度高 • 考虑了各防火对策之间的关联性，设计更为合理
课题	• 不适用于现行规范中未含的新型空间和材料 • 用于防火对策的规格可能与空间的特性不匹配 • 不能考虑各措施之间的关联性，可能出现不合理的设计	• 性能验证需要各种相关的验算工具 • 需要掌握火灾性能和疏散的专业知识 • 性能设计过程繁琐

[3]规格设计和性能设计比较[1]

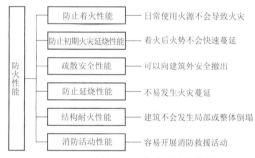

[4]建筑应具备的防火性能[2)、3)]

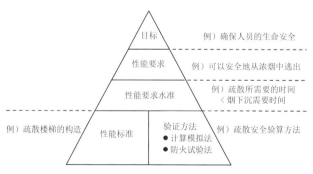

● 目的 ： 要求建筑物达到特定的性能目标
● 性能要求 ： 为达到性能目标建筑物应具备的条件
● 性能要求水准 ： 与性能目标相对应的具体要求
● 性能标准 ： 能够实现性能要求水准的详细规定
● 验证方法 ： 确认是否满足性能要求水准的计算方法、试验方法

[5]性能标准的构成（NKB lever 5 system）[4)]

从规格设计到性能设计 [3]

在建筑基准法等标准中，对排烟设备的风量、防火防烟分区构件的材料及厚度等都给出了具体的规定。一般设计是依据这些规定制定设备条件和材料条件。这种设计方法被称为规格设计法。

还有一种是先明确安全目标，然后由设计人自由选择方法、材料及其规格，这种设计方法被称为性能设计方法。由于性能设计是根据预设的性能目标选择措施或方法，与规格设计比较设计的自由度更大，更容易形成合理的设计。但是这种设计方法要求设计人熟悉火灾性状特征和疏散行动的相关知识。

性能标准的构成 [4] [5]

防火性能包括六方面的内容。性能标准中针对每一项内容提出了建筑应该达到的安全标准。是否满足安全标准，应利用模拟计算方法或试验方法等工学手段进行判断。是否满足性能要求（性能标准）有时也通过案例的方式表示。

建筑基准法于 2000 年 6 月对防火耐火、疏散等相关内容进行了修订。在疏散设计、耐火设计、防火分区设计中局部增加了性能设计的方法。具体采用哪种方法由设计人自行决定。此外，消防法也于 2004 年 6 月进行了修订，根据修订后的内容，也可对消防设备采用性能化设计。

参 考 文 献
1）日本建築学会编：建築設計資料集成 10 技術，丸善，1983．
2）建設省建築研究所他：建設省総合技術開発プロジェクト 防・耐火性能評価技術の開発報告書．（No.6-2，火災安全設計分科会），1995.3．
3）消防庁予防課：総合防火安全対策手法の開発調査検討会報告書，2002.3．
4）NKB，Structure for Building Regulations，The Nordic Committee on Building Regulations（NKB），Report No.34，1978．

一般火灾的发生过程 [1]

发生火灾时，起火后先不断地冒出浓烟，可燃物被点燃后开始燃烧并使周围的可燃物起火，然后火势快速扩大直至全面燃烧。火势急剧扩大的现象被称为闪燃（flash over）。发生闪燃后进入火势猛烈阶段，从窗口等开口处流入室内的氧气使燃烧得以持续。随着可燃物逐渐变为灰烬，火势进入衰减阶段。

一旦发生闪燃，火势迅速从局部空间扩展至整个房间，使氧气浓度急剧下降，火势将很难得到控制。之后火焰浓烟通过门窗向邻近的房间或通廊蔓延，使建筑物中的人陷入非常危险的境地。

火灾的发生过程和防火对策 [2]

为了保证建筑物内人员的安全，关键是在发生闪燃之前控制住火情，限制火灾的影响范围，延缓火势蔓延。

制定防火对策的目的，是为了在火灾燃烧的初期阶段迅速灭火，通过形成的防火分区延缓火势蔓延；同时通过及时向建筑内的人员发出火警信息，防止疏散通道受火焰和浓烟的侵害尽量缩短疏散时间。通过采取上述措施，将火灾和浓烟造成的损失控制在最小范围内，保证建筑内人员在最短的时间内安全疏散。

防火对策分类 [3]

防火对策对应于火灾发生的各个阶段，分别起着不同的作用。火灾发生时，各对策在各阶段只有真正发挥作用才能避免火势向下一阶段发展，达到确保安全的目的。防火对策不仅包括防火设备和耐火结构等硬件方面的措施，还包括火源设施管理、信息传递等软件方面的措施。

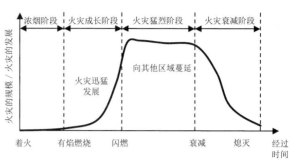

[1]室内火灾的发展过程

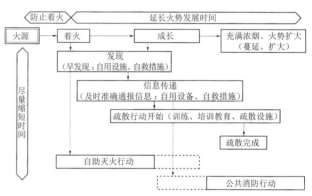

[2]火灾的发展过程和对策[1)]

对策目的	主旨	对策包括的主要内容
预防起火	防止火灾发生	火源管理、限制使用
及时发现和报警	及时发现火情，通知住户并向消防部门报警，属于应急措施和疏散的准备阶段	巡逻、监控 警报设备 防灾中心
防止初期火灾扩大化	在初期火灾阶段，主要由建筑使用人自助灭火，或利用自动消防设备灭火	不燃内装材料、灭火器、室内消火栓、自动喷淋等
防止火势蔓延	当初期火灾阶段灭火失败时，将火情控制在局部范围内，防止火情向整栋建筑蔓延	防火分区
防烟控制	防止疏散人员或消防救援人员受烟气侵害	防烟分区、排烟设备
疏散	建筑内人员向建筑外安全撤离	疏散楼梯、安全区，疏散指示
确保结构安全	防止分区隔断或结构倒塌	耐火结构
正规灭火	公共消防机构的灭火和救助行动	正规消防设备 紧急出入口

[3]主要防火对策的分类[2)]

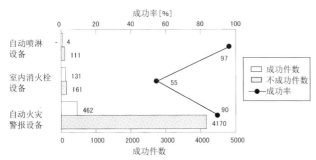

[4] 消防设备的利用状况（东京消防厅管辖区：1990～1999）[3]

防火对策分类	概要	措施例
主动型防火对策	利用防火设备系统等主动进行火灾监控、消防灭火等	自动喷淋设备，排烟设备等
被动型防火对策	利用建筑构件等被动地阻止火灾蔓延	防火分区、防火构造等

[5] 主动型防火对策和被动型防火对策

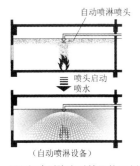

（自动喷淋设备）

[6] 主动型防火对策具体示例

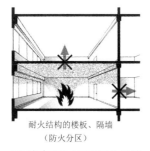

耐火结构的楼板、隔墙
（防火分区）

[7] 被动型防火对策具体示例

措施分类	概要	措施具体示例
局部安全	为防止部分防火对策不发挥作用导致重大事故而采取的其他措施	设双向疏散路线
整体防范	为防止系统异常引起人群疏散发生混乱，在布局上考虑的简单明快的措施	沿逃生方向正确设置门的开启方向等

[8] 局部安全和整体安全

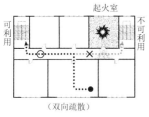

（双向疏散）

[9] 局部安全措施具体示例

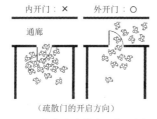

（疏散门的开启方向）

[10] 整体安全措施具体示例

防火对策的可靠性 [4]

有防火对策并不一定能够保证满足设计阶段提出的性能目标。在对以往发生的火灾事故进行的统计结果中可以发现，发生火灾的原因有些是施工过程中消防设备的功能被关闭，有些是火灾意外发生时防火对策不能发挥作用。尤其是采取由人操作消火栓的应急灭火措施时，即使消火栓设备正常，操作不当同样会使消火设备无法发挥作用。

为了使防火对策有效发挥作用，不仅在硬件方面要保证各类设备的正常运转，而且在软件方面也要认真研究包括火灾发生时的应急行动等内容的维护管理办法。

主动型防火对策和被动型防火对策 [5] [6] [7]

防火对策可分为直接灭火的主动型措施和通过耐火耐热抵抗火灾的被动型措施。

火灾刚发生时利用主动型措施积极灭火，当火灾发展到一定程度后，依靠被动型防火对策确保安全空间，阻止危害扩大。

与被动型措施相比，由于主动型措施需要设备自动开启，措施的可靠性难以保证。因此必须加强日常的维护管理，以保证紧急情况下设备能够正常运行。

局部安全措施和整体防范措施 [8] [9] [10]

防火安全性与人和建筑物有关系，因此可认为是一种人－机器联动系统（man machine system）。这种系统的安全措施有局部安全（field safe）和整体防范（full proof）。为了保证安全措施发挥作用，确保建筑整体的安全性，这类措施经常被采用。

参 考 文 献
1）水越義幸：特殊建築物調査資格者講習会テキスト，日本建築防災協会編，p.28，1972.
2）日本建築学会編：建築設計資料集成 10 技術，丸善，1983.
3）火災の実態，平成 3 年版～平成 12 年版，東京消防庁.

燃烧 [1]

用于燃烧、吸烟、烹调、取暖、生产等目的的可控燃烧在生活中是不可缺少的。

燃烧是指氧气、可燃物、火源（热源）同时存在的状态，是可燃物快速氧化的现象。燃烧过程中产生能量（热能）、光、气体、烟等有用的物质和有害的物质。燃烧分为产生少量热、大量烟和气体的无焰燃烧（烟熏）和产生火焰的有焰燃烧。

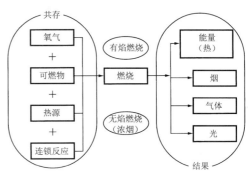

[1]燃烧与生成物

火灾和安全措施 [2]

火灾是由于过失等引起的意外燃烧，会给人身财产带来各种损失。近年来还有恶意纵火和骚乱等引发的火灾。此外在地震多发国日本还必须考虑地震中和地震后的火灾。对于不同用途和规模的建筑有不同的安全目标。在设定安全目标时，设计人和开发商应充分协商达成共识，针对建筑内部和建筑外部可能发生的火灾，认真研究防灾措施。

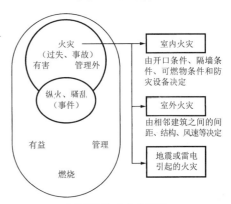

[2]燃烧与火灾的区别

热传播 [3]

热的传播有对流、辐射和传导三种方式。火灾的发展和扩散是上述热传播和化学反应（氧化反应）交替进行的现象。

对流是伴随着空气和烟等流体的移动产生的热扩散现象。

辐射是通过固体表面等辐射的电磁波产生的热扩散现象。辐射热从一个固体表面移动到另一个固体表面，主要依靠面 1 和面 2 的大小和位置关系决定。

传导是固体内部的热由高温处向低温处移动的现象，其控制参数为热传导率 λ（kW/m•K）。

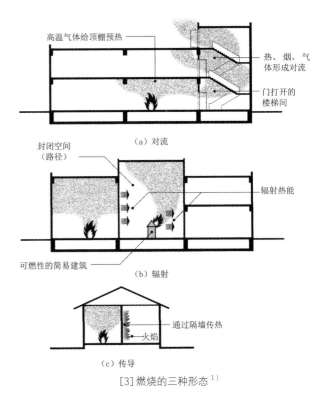

（a）对流

（b）辐射

（c）传导

[3]燃烧的三种形态[1]

燃烧过程的控制
- 可燃物数量、性质和分布（内装和配备的家具）
- 燃烧所需要的空气（如开口部的尺寸和形状、空调系统）
- 房间的容积、形状、顶棚高度
- 隔墙、楼板、吊顶顶棚等材料的特点（对房间温度的上升有影响）

自动灭火措施
- 火灾感应和警报设备
- 自动喷淋和消防设备
- 惰性气体灭火设备
- 二氧化碳灭火设备
- 泡沫灭火设备

用构造措施控制
- 结构件的防火保护（防火涂层）（保护、喷涂、外包）
- 隔墙、楼板、吊顶顶棚、门等材料的耐火性能（限制火灾的燃烧区域）
- 耐火建筑中开口部位的防火处理
- 对通风口和竖井等进行分区（控制烟气、降低温度）

手动灭火措施
- 火灾感应和警报
- 小型灭火器
- 消火栓自救软盘
- 消防机构的消防队员和携带设备

[4] 火灾控制的方法[1]

	密度（kg/m³）	比热（kJ/kg·K）	热传导率 ×10⁻³（kW/m·K）	热扩散率 ×10⁻⁶（m²/s）
铜	8880	0.39	398	116
铁	7870	0.44	80	23.1
普通混凝土	2200	0.88	1.51	0.78
木材（杉木）	330	1.26	0.11	0.26
石棉板	300	1.63	0.04	0.08
空气	1.18	1.01	0.0261	22.1

[5] 材料的热特性[2]

	着火温度（℃）	热传导率（W/m·K）	密度（kg/m³）	比热（kJ/kg·K）	单位发热速度（kW/m²）	单位发热量（MJ/kg）
纤维素系材料	360	0.1	351	1.6	84	17.8
木材	260	0.2	474	1.3	180	16.7
软质塑料	332	0.147	34	1.59	413	38.7
硬质塑料	366	0.234	1367	1.37	697	27.7
织物	409	0.065	206	1.43	160	19.6

单位发热量=1kg 材料完全燃烧时发生的热量，单位发热速度 = 材料的单位表面积单位时间发生的热量

[6] 主要建筑材料的着火温度和热物理性能（每种类别材料的平均值）[3]

可燃性固体	着火温度（℃）	引燃温度（℃）
聚乙烯	430	340
聚丙烯	440	410
聚氯乙烯	500	530
聚甲基丙烯酸甲酯	520	300
赤松	430	263
日本榉树	426	264
日本铁杉	455	253

[7] 着火温度与引燃温度[4]

灭火的原理 [4]

灭火首先要除去氧气、可燃物、热源共存的环境条件，用水冷却可以收到良好的效果。将水混合成浆状大面积喷洒在可燃物表面，不仅可以使可燃物表面冷却，还可以起到阻断空气的作用。此外为了防止火灾延烧，应减少可燃性物的数量，增加可燃物的间距，用惰性气体替换氧气进行灭火。

代表性材料的热特性 [5]

一般情况下，金属类材料导热快，木材、玻璃等材料导热慢。在表中列出了主要建筑材料的密度、比热、热传导率和热扩散率。

易着火易燃烧的材料 [6]

可燃物以气体、固体和液体的状态存在。其中气体最容易燃烧，其次为液体，最后是固体。

液体和固体在着火或燃烧时，需要经过升温、蒸发和气化的过程。木材的着火温度大约为260℃，根据树种和含水率的不同，着火时间略有差别。木材的碳化速度为每分钟约 0.6mm。塑料比木材更容易着火，着火后产生的热量也大。

着火（起火）温度和引燃温度 [7]

着火是指即使没有火源，但当达到一定的气化条件时产生火焰的现象。着火温度是指可燃性混合气体放出的热量持续超过向外发出热量时在空气中的自燃温度。

引燃温度是指，当火源接近可燃性液体或通过热分解挥发可燃性气体的固体表面时，试料产生火焰开始燃烧的现象。引燃所需要的最低温度被称为引燃温度（引燃点）。

参考文献
1）D. イーガン (牟田・早川 訳)：建築の火災安全設計，鹿島出版会，1981.
2）日本火災学会監修：火災と消火の理論と応用，東京法令，2005.
3）原田和典：建築火災のメカニズムと火災安全設計，日本建築センター，2007.
4）日本火災学会編：火災と建築，共立出版，2002.

建筑火灾概要

根据消防部门的统计，每年的火灾情况基本上持平。2005 年日本共发生火灾 33000 余件，超过 1600 人丧生，150 万 m^2 的建筑被烧毁。独立住宅和集合住宅共 4500 万户，这个类别发生的火灾占建筑火灾的 60%，死亡人数约占建筑火灾总死亡人数的 80%，其中尤以老年人和身体虚弱者伤亡比例最高[参见 2.2(2)[8]]。

起火率 [1]

表中按照建筑用途列出了发生火灾的件数和对应于建筑栋数的起火率。由于未掌握对应于各用途的建筑总栋数，因此采用消防法中按照用途统计的防火建筑栋数。

起火率用对应于每 1 万人的火灾件数表示，每 1 万人的起火件数约为 3 ~ 4 件。

起火原因和引燃物 [2]

引起火灾的最主要原因是纵火或疑似纵火。为防止这类恶性事件发生，最重要的是对人、空间、时间进行全面管理，不留死角。发生火灾的第二大原因与抽烟时的点火习惯，烹调、煤气炉的使用以及生产活动有关。近年来抽烟场所受到限制，大量采用厨房电器、电热炉等生活方式的改变也是引发火灾的原因之一。此外与电缆配线和机器设备相关的火灾也在增加。

引起住宅着火的原因很多，被点燃的物件也是多种多样。

木结构火灾

日本的独立住宅半数以上是木结构。在木结构中，由于结构承重构件和隔墙等都是可燃材料，着火时顶棚先被烧穿，随着空气流入火势扩大，与其他耐火建筑比较，只需要 15 ~ 20 分钟房屋就会被烧成灰烬。此时木结构的着火特性类似于帐篷。但是，如果用石膏板等耐火材料对所有骨架材料进行包覆，其木结构建筑的火灾形状特点与耐火结构是一样的。

建筑分类	建筑栋数	火灾件数	着火比例
（建筑用途）	2001 年 3 月末	2000 年	（×10⁻³）
	4004	28	5.4
剧场等	62869	78	1.2
公共会堂等	18272	133	7.3
游乐场等	82315	698	8.5
饮食店等	135008	494	3.7
百货商店等	79901	200	2.5
旅馆等	58783	172	2.9
医院等	53791	91	1.7
社会福利设施等	20454	9	0.4
幼儿园等	130443	365	2.8
学校等	6425	11	1.7
图书馆等	8691	20	2.3
洗浴中心等	3666	45	12.3
停车场	48960	152	3.1
神社和寺庙等	529922	2321	4.4
工场等	43060	132	3.1
停车场等	315489	791	2.5
仓库	315489	833	2.6
写字楼等	345303	2502	7.2
特定多功能防火建筑			
非特定多功能防火建筑	195739	1266	6.6

注：本表中的建筑栋数和着火件数是按照消防法规施行令附表 1 划分的。其中防火建筑栋数不包括面积小于 150㎡ 的小型建筑（根据 2001 年度消防白皮书制表）

[1] 按照用途分类的着火比例（件 / 年・设施）

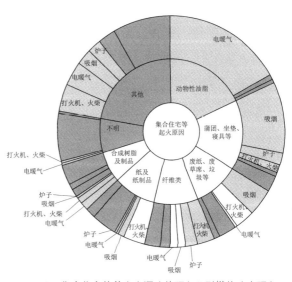

[2] 集合住宅的着火火源（外环）及引燃物（内环）

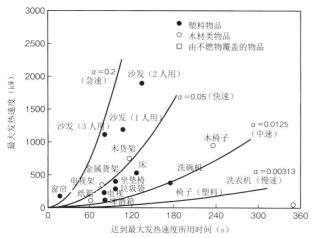

[3] 各种物品燃烧初期的发热速度[1]

チャート labels: 最大发热速度（kW）, 达到最大发热速度所用时间（s）

图例: ● 塑料物品　○ 木材类物品　□ 由不燃物覆盖的物品

图中标注: $\alpha=0.2$（急速）、沙发（2人用）、$\alpha=0.05$（快速）、沙发（3人用）、沙发（1人用）、$\alpha=0.0125$（中速）、木货架、木椅子、金属货架、床、洗碗机、$\alpha=0.00313$（慢速）、电视架、坐垫椅、洗衣机、窗帘、纸箱、电视、拉圾袋、椅子（塑料）、啤酒箱

燃料	燃烧热	
	单位重量 （kJ/g）	单位氧气重量 （MJ/kg）
甲醛	50.0l	12.54
乙醛	47.48	12.75
聚乙烯	43.28	12.65
聚氯乙烯	16.43	12.84
纤维素	16.09	13.59
木棉	15.55	13.6l
报纸	18.40	13.40
纸箱	16.04	13.70
树叶（阔叶树）	19.30	12.28
木材（枫木）	l7.78	12.5l

[4] 代表性可燃物质的燃烧热（C.Huggatt，1990）

初期火源 [3]

国际上一般用 $Q=\alpha t^2$ 表示初期火源的模型。美国国家防火协会按照建筑的用途推荐了四种不同的火灾成长系数 α（kW/s^2）。日本也参照这一方法按照建筑空间用途提出了火灾成长系数 α，其为单位楼板面积发热速度的函数。

利用由此规定的发热速度计算火灾空间内形成的烟层厚度和上升温度。通过使烟层高度降至人身高之下前撤离到安全场所保证疏散安全。

代表性材料的燃烧热 [4]

提供了代表性可燃物质的燃烧热。高分子系可燃物消耗单位氧气的燃烧热约为13MJ/kg。

参考文献
1）原田和典：建筑火灾のメカニズムと火灾安全设计，日本建筑センター，2007.

■新宿歌舞伎明星 56 大厦火灾与加强消防管理

2001 年 9 月 1 日黎明 1 点左右，东京都新宿歌舞伎明星 56 大厦发生火灾，造成 44 人死亡，3 人受伤。

该建筑 1984 年竣工，建筑的宽度约 5.1m，与道路毗邻，长度为 16m。是一栋地上 4 层、地下 1 层（建筑面积 500m^2）的狭长建筑。建筑中入驻有游乐场和风俗营业的店铺。在楼梯门厅和唯一一个兼做疏散通道的室内楼梯处，除了如仓库一样堆有衣柜等大型家具外，还堆积了大量的招牌、啤酒箱、纸箱等。在三层楼梯处因人为纵火引发了火灾。

针对这一事件进行分析后指出：

· 对公共空间进行管理的重要性未引起足够重视

· 对不良建筑管理人和租户进行管理的法律法规不健全

· 擅自改变建筑用途且不进行申请登记的现象普遍

以此为鉴，该事件成为加强消防管理的契机。

这一事件对建筑所有人具有很强的警示教育作用，不是要用法规进行限制，而是如果放任上述行为发生将给自己造成怎样的损失。

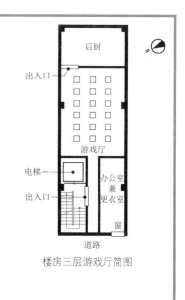

楼房三层游戏厅简图

（平面图标注：后厨、出入口、游戏厅、电梯、出入口、办公室兼更衣室、窗、道路）

家具燃烧

[1] 中提供了日常生活中具有代表性的可燃物的燃烧速度。即使相同的家具形状，由于容纳物和材质不同，其发热速度也是不同的。

[2] 表示在罩棚下具有代表性的家具燃烧后重量减少的测试结果。

重量减少量乘以材料燃烧后生成的热量等于发热速度 Q。

材料的种类多种多样，有像甲醛泡沫一样快速燃烧的物质，也有像床一样缓慢燃烧的物质 [3]。

家具材质不同，不仅有燃烧快慢的问题，有些物质在燃烧过程中还会散发出刺鼻的气味或有毒气体。所以在考虑燃烧速度的同时，还必须考虑燃烧后的生成物。

进行防火安全设计时，必须认真研究慎重决定设计对象中可能搬入的可燃物及其材料特点。

如果不对家具的燃烧特性、布置情况进行详细调查，即使设计符合法规的要求，也不能保证选择的防火对策真正发挥作用。

火焰的高度和形状 [4]

在火源上方形成的火焰一旦接触到顶棚、墙壁或其他可燃物，火灾将迅速蔓延。当火灾面积增加后，热辐射就可以使其他可燃物燃烧进一步加速火势蔓延。火焰的形成条件有火源的形状、大小和发热速度。

火焰的高度根据火源在平面内的位置不同而有所差异。假设火源在屋子中央时的火焰高度为1，那么同一火源移动到墙边时的火焰高度则为2，移动到屋角处时火焰高度则为4，火灾蔓延的危险性将成倍增加。这就是为什么不燃性吊顶和隔墙可以防止火灾快速蔓延的理由。

可燃物质	最大发热速度
有垃圾的垃圾桶	50 kW
有填充物的坐垫	100 kW
木衣柜	1～3 MW
包布的椅子	0.3～1.5 MW
OA 机器（电脑终端）	150～200 kW

[1] 最大发热速度例[1]

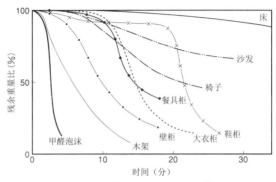

[2] 家具类燃烧后重量减少曲线[1]

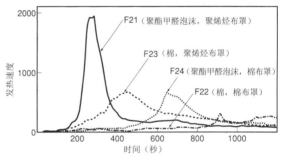

[3] 不同材质安乐椅子发热速度的差异（V. Babrauskas，1995）

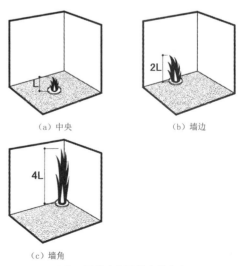

（a）中央　　（b）墙边

（c）墙角

[4] 不同着火位置的火焰高度

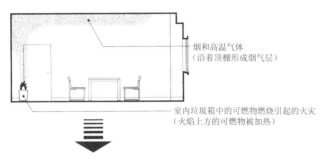

烟和高温气体
（沿着顶棚形成烟气层）

室内垃圾箱中的可燃物燃烧引起的火灾
（火焰上方的可燃物被加热）

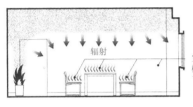

辐射

室内未燃烧的所有可燃物在顶
棚或上方墙面的辐射热的作用
下，温度逐渐升高并接近燃点

火焰瞬间吞噬整个房间
发生闪燃，大部分可燃
物陷入火海
（燃烧区域发展至整个
空间）

[5] 室内火灾的发展过程

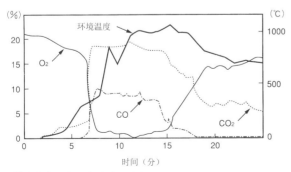

[6] 着火室中温度、气体浓度的实测例（斋藤文春，1968 年）随着
温度快速上升，氧气浓度骤减，CO、CO_2 气体增加

室内火灾的发展进程 [5]

火灾发生后如果未能及时扑灭，初期火源
会辐射或引燃相邻的可燃物，使燃烧范围从局
部向整个空间发展。发展速度由周围的可燃物
的种类、数量、分布等以及是否容易着火决定。
通常木家具和塑料家具等更容易着火。

在窄小的屋子内使用不燃或带有不燃门
的家具可以有效延迟火灾发展的时间。如果
房间收拾得干净整洁，其效果将更加明显。

室内火灾的燃烧发展路径

由于对流、火焰对燃烧部分上方的加热
效果，沿垂直墙面的火灾蔓延速度比平面方
向快。

屋顶部分因为集聚了大量的燃烧热，比
楼板更容易着火。

楼面上铺设的地毯等可燃材料有时对火
灾的发展起着助燃作用。

闪燃点 [6]

在火灾发展阶段，当达到一定条件时，
火焰瞬间充满整个房间并冲破窗玻璃向外面
猛烈喷出，这种现象被称为闪燃。顶棚附近
的温度达到约 600℃时常发生这种现象。

当吊顶高、空间容积大、火灾荷载小于
$10kg/m^2$ 时，一般不会发生这种现象。

在发生闪燃前后，室内空气温度急剧上
升，CO、CO_2 的浓度急剧增加，氧气的浓度急
剧减少。

为了人员疏散和消防活动的顺利开展，
延长从火灾发生到闪燃点的时间是非常重要
的。采用无焰燃烧的窗帘、地毯、不燃性的
内装材料等可以起到良好的效果。

参 考 文 献

1）日本火災学会監修：火災と消火の理論と応用，
　　東京法令，2005.

室内烟的扩散路线

室内的初期火源产生的高温烟气裹挟着周围的空气向上方流动到达顶棚，然后改变方向向水平方向扩散（顶棚辐射），当遇到墙壁后又改变方向向下流动，这样在上方空间形成高温层。

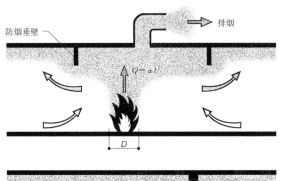

通廊中烟的扩散路线 [1]

当遇到门楣上的墙时，集聚在上方的烟气将向下流动并穿过门洞向通廊或外部移动。当通廊长时，烟气有时会因失去浮力无法形成双层。

烟气在通廊中的移动速度基本上与人的步行速度相当，约为 1m/s。

在医院以及容纳较多老弱病残的设施中，由于人员整体的步行速度比一般设施慢，需要更长的逃生时间，因此更要落实好防烟排烟措施。

[1] 通廊内的防烟垂壁

竖井中烟的扩散路线 [2]

通过楼梯、电梯井、中庭等竖井流动到通廊中的烟气，会经由开口或缝隙向整个建筑空间扩散。竖井中的烟气由于烟囱效应，其扩散速度比通廊快很多，一般为 3 ~ 5m/s。因此防止烟气流入竖井是非常重要的。

由于人无法长时间抵御烟气和高温，所以必须在通廊、楼梯等疏散路线上采取严格的防排烟措施。

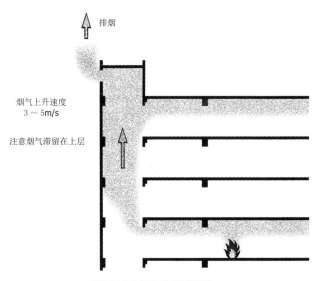

[2] 竖井内烟气的移动路线

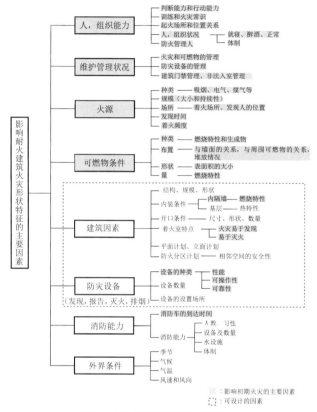

[3]影响火灾形状特征的主要因素

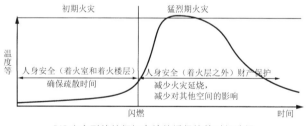

[4]火灾形状特征与有效救援保护的时机选择

影响火灾形状特征的要因 [3]

耐火建筑物在火灾发展期的火灾形状受很多因素影响。如根据以往的研究成果、法规和过去经验在建筑设计阶段确定的可燃物的种类、数量、形状等,建筑结构、空间形状、规模、内装材料和开孔条件以及防灾设备等;日常的维护管理、火灾发生时组织入住者等火灾应急能力、消防救火能力以及当时的气象条件等。

在这些影响因素中,设计阶段对点划线框中的建筑因素和防灾设备选择时,一般执行相关规范的规定或进行性能化设计。除此之外的影响因素与建筑的使用阶段和火灾发生时的条件有关。这些因素存在很大的变数,设计人员对此应有充分的了解和认识。

由此可见,要做到真正意义上将火灾的危害控制在最小范围,仅仅遵守法规是远远不够的。设计人向建筑所有人和使用人就建筑设计的意图、房屋安全使用事项、危险注意事项,不当使用所造成的危害进行详细说明(risk communication)是非常必要的。

图中阴影部分是影响初期火灾形状的主要因素,从保证人身安全的角度考虑也是非常重要的因素。因此对这些因素的状态进行确认是非常重要。

时间 – 温度曲线和耐火性能 [4]

闪燃点前后的火灾形状特点,用火灾的持续时间和温度上升的时间 – 温度曲线表示。

用该曲线对耐火性能进行评价。耐火性能的评价方法有两种:

① 按照标准加热曲线进行性能试验,判断是否合格。

② 以判别对象空间固有的火灾形状特点曲线为基础,对建筑结构、防火分区在火灾中是否损坏进行判断。

耐火建筑的火灾形状特点及喷出火焰

耐火建筑物的火灾形状特点

耐火建筑物内部的燃烧形状特点由氧气进入的开口部和代表易燃性的可燃物的表面积决定。一般两者的大小比例关系决定了燃烧类型是通风主导型燃烧还是燃料主导型燃烧。燃烧在空间内生成的热量 Q_H（kW）与周围墙壁的吸收热量 Q_W、由开口部流出室外的辐射热量 Q_R、喷出火焰带走的热量 Q_L 和空气因火灾温度升高的热量 Q_B 相平衡 [1]。

1980 年代调查的典型空间用途与火灾荷载的关系在 [2] 中表示。但遗憾的是，现行法规只认可防灾安全措施对建筑常规用途是否有效的验证方法，对按照用途分类的可燃物未展开充分的调查。

根据以往的调查结果，火灾荷载和表面积之间存在一定的关系。所以 [3] 中列出了按照用途分类的火灾形状特征与空间一般开口面积关系的概念图。由于这些设计参数每天都在变化，取值时应保证足够的富裕度。

通风主导型燃烧

通风主导型燃烧一般多发生在窗户较小的建筑物中。有时将开口面积 A 和高度 H 的开口等效为单位面积可燃物的木材重量 W（火灾荷载 MJ/m²）。塑料的发热量约为木材的 2 倍。当 W 为已知时，根据川越-关根公式很容易计算出火灾的持续时间和温度上升量。根据实验结果，单位时间的燃烧速度 R（kg/min）用公式 $R=5\text{-}6A\sqrt{H}$ 计算，火灾的持续时间 T 用公式 $T=W/R$ 计算。

燃料主导型燃烧

对幕墙等窗口多、可燃物少的建筑物，燃烧热量呈现出与可燃物的表面积成正比的特征。这种燃烧称为燃料主导型燃烧。同样是 1kg 的木材，一次性筷子的表面积大于圆木表面积，因此燃尽需要的时间较短。

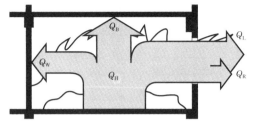

$$Q_H = Q_W + Q_B + Q_L + Q_R$$

Q_W：周围墙的吸热量（kW）
Q_B：从开口向外流出的辐射热量（kW）
Q_L：喷出火焰带走的热量（kW）
Q_R：火灾使空气温度升高的热量（kW）
Q_H：燃烧在空间中生成的热量（kW）

[1] 耐火建筑物内部燃烧

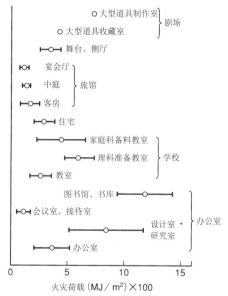

[2] 建筑用途与火灾荷载的关系（20 世纪 80 年代调查）

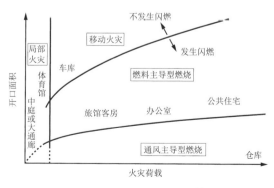

[3] 火灾的分类与房间用途[1]

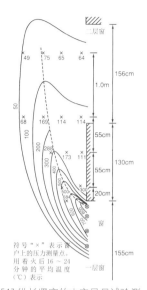

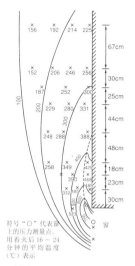

符号"×"表示窗
户上的压力测量点。
用着火后16～24
分钟的平均温度
(℃)表示

[4]纵长竖窗的火灾足尺试验测
得的喷出气流的等温线图[2]（窗
宽0.82m，窗高1.55m）

符号"○"代表窗
上的压力测量点。
用着火后16～24
分钟的平均温度
(℃)表示

[5]横长宽窗的火灾足尺试验测
得的喷出气流的等温线图[2]（窗
宽3.0m，高1.0m）

火灾顺着丙烯酸扶手板
向多个楼层蔓延

[6]广岛基町高层住宅火灾通过阳台延烧的状况[3]

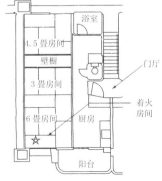

[7]广岛基町高层住宅的平面布置图[4]
（畳为榻榻米的单位。一畳为90cm×180cm ──译者注）

喷火

火灾发展到一定程度，火焰会从窗户中喷出。为了将火灾危害控制在局部范围内，准确掌握火焰从开口喷出的长度，采取防范保护措施非常重要。

从开口喷出的火焰长度由发热速度和开口形状决定。当窗户形状为纵向长的竖窗时，火焰的中心轴有远离墙壁的趋势[4]，当窗户形状为宽度大的横窗时，火焰的中心轴有向墙壁靠近[5]的趋势。

窗槛墙

国土交通省告示中规定，为防止喷出的火焰引起上层燃烧，窗槛墙高度不得小于90cm。然而每栋建筑物的火灾形状特点不同，需要的最小窗槛墙高度也不同。采用玻璃幕外墙时，不仅要考虑外观，还需要考虑防止火灾向上层延烧。

阳台 [6] [7]

作为室外疏散路线的阳台可以有效地防止火灾向上层延烧。但是现实中，住宅阳台往往被个人占用，经常成为疏散路线的障碍或放置了大量的可燃物成为火灾扩散的诱因。这主要是设计人未能充分向建筑购买人说明阳台的作用及不正确使用可能产生的后果。毫无疑问，用阳台将多个防火分区连接在一起可以形成有效的疏散路线。因此医院和养老院等建筑的布局中四周均有阳台。

为防止火灾向上层蔓延，阳台设计时还必须注意阳台的形状（是连续型还是独立型）、选择合适的扶手板构造和材料。

参 考 文 献
1）原田和典：建築火災のメカニズムと火災安全
　設計，日本建築センター，2007.
2）横井鎮男：日本火災学会論文集，Vol.7，No.
　I，1957.
3）田村義典：火災学会誌，227，1997.
4）須川修身：火災学会誌，227，1997.

烟的危害

燃烧时不仅产生光和热，还产生烟和气体。所产生的烟气对建筑使用人的安全和疏散行动构成威胁。烟的危害有视觉危害、生理危害和心理危害。视觉危害是指逃生时的能见度差，生理危害是指烟和气引起的呼吸困难和眼睛刺痛，心理危害是指被浓烟吞噬后所产生的恐惧和慌乱。

可视距离 [1]

烟的产生和烟的颜色会妨碍疏散的顺利开展。即使燃烧材料相同，在火灾的不同状态下，烟中的化学成分和浓度也是不同的。影响可视距离的烟的浓度用减光系数表示。减光系数越高可视距离越短。刺激型烟的减光系数明显降低。

有毒气体 [2]

燃烧中的材料释放出的毒气（CO，CO_2，HCN 等）达到一定浓度或与其他气体形成混合气体后，会成为致人死亡的原因。纤维素系可燃物产生的烟气，不仅损伤人的视线，还强烈刺激人的呼吸系统，阻碍人们的逃生行动。

辐射热 [3]

火源上形成的火焰和积聚在上方空间的烟层发出的辐射热也会对安全逃生造成影响。当辐射热的强度超过 $2kW/m^2$ 时，人的可耐受时间将会急剧缩短。

发现火情到开始疏散 [4]

建筑使用人开始疏散的时间，由通过视觉、嗅觉、听觉或火警等接到火灾信息意识到着火所用时间（感知时间）和疏散时间（初期应急行动时间）决定。在办公楼等有办公业务的设施中，很多人由于职责所在或责任心驱使等原因，在发现或得知着火后，不是马上疏散，而是先转移重要物件或等待指示后才开始疏散。

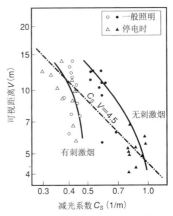

[1]烟的浓度和可视距离 [1]

	眼睛			鼻子				喉咙	
	感觉到烟气	隐隐的刺痛感	严重痛感	持续流泪	流鼻涕	严重痛感	刺痛感	严重痛感	呼吸困难
木材（杉树）无焰燃烧						0.09		0.02	
有焰燃烧		2.28	0.44	0.37~0.47		0.28			0.30
麻 无焰燃烧	0.02~0.07	0.025~0.07	0.06	0.06	0.08		0.07		0.095
棉、床单 无焰燃烧	0.016		0.06	0.14	0.14	0.016	0.016	0.06	0.22
报纸 有焰燃烧		0.23		0.3					
汽油 有焰燃烧									0.72

[2]材料燃烧中产生的有毒气体 [2]

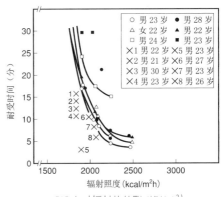

[3]人对辐射热的耐受时间 [3]

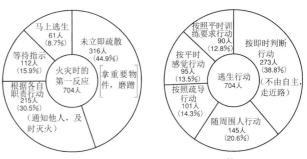

[4]办公楼发生火灾时的第一行动 [4]

特征显著场合	逃生行动特点	行动内容
不熟悉建筑的人	原路返回型（归巢性）	沿着来路原路返回的趋势。尤其是第一次进入的建筑和对建筑内部不熟时常出现这一现象
	追随型	跟随其他逃生人员或向其他人员的逃跑方向移动
熟悉建筑的人	日常行动趋向性	选择平时常走的路线或楼梯
	安全趋向性	沿着疏散指示标志向疏散楼梯或者自己认为安全的路线移动
	最短距离选择型	选择最近的楼梯或路线
按照建筑空间的特点	观察判断型	向看到的紧急出口或楼梯移动，或者向看到的疏散指示标志移动
	一往直前型	向可以看见尽头的路线逃跑，或者一直跑到路线的尽头
危机来临时	危险规避型	绕开烟雾弥漫的楼梯，规避危险
	跟随潮流型	向多数人逃跑的方向移动，或向听到人声的方向或按照指示移动
	向光性向开放性	在充满烟雾的环境中，向亮处或开阔处移动

[5]逃生时的行动特点[5]

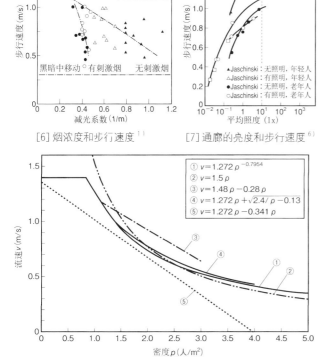

[6]烟浓度和步行速度[1]   [7]通廊的亮度和步行速度[6]

①木村幸一郎，伊原贞敏：建物内における群众流动状态の观察，日本建築学会论文集大会号 1973.3.
②戸川喜久二：群众流の观察に基づく避难施设の研究，建築研究所报告，建设省建築研究所，1955.
③打田富夫：電車駅の乗降场及び階段幅员，鉄道技术研究所中间报告，1956.
④宫田一：列車运转になぞらえた步行者の人间工学的考察，鉄道 OR 论文集，1966.9.
⑤B.S.P ushkarev：Urban Space for Pedestrian. MIT Press, 1975.

[8]人群密度和步行速度[7]

人在逃生时的行为特点 [5]

通过总结以往的火灾事故发现，在紧急情况时人的行为根据对建筑物的熟悉程度以及空间特点等有一定的行为模式。

为了保证火灾时的疏散安全，了解疏散者的行为特点并据此进行安全设计非常重要。

火灾时的逃生行为

建筑使用人的疏散行为不仅受行动能力、周围的人群密度、心理素质等人为因素的影响，还受疏散路线的清晰度和光亮度、烟扩散和停电等影响视觉认知度的环境因素的影响。

步行速度 [6] [7]

步行速度受烟的浓度以及光亮度的影响。代表烟浓度的减光系数增加（浓烟）则步行速度降低。烟会刺激人的双眼，使视觉认知度进一步降低。随着平均照度的降低，步行速度会减慢。尤其当平均照度低于 111x 时，这种倾向更加明显。

人群密度、流动系数 [8]

人群密度是指单位面积的人数。在同一空间中，存在着人群密度增加则速度降低的关系。流动系数是指，在开口等路线的瓶颈处，单位时间单位有效宽度通过的人数。该系数用于计算人流通过出口等所需要的时间。进行疏散计算时，一般采用 1.5 人 /（m•sec）(=90 人 /[（m•min）]。

参 考 文 献
1）神忠久：火災，25，2，1975.
2）渡辺彰夫，竹本昭夫：消防時報，消防研究所.
3）長谷見雄二，重川希志依：火災時における人間の耐放射限界について，日本火災学会論文集，No.291，1981.
4）小林正美ほか：オフィスビルにおける火災時の人間行動の分析その2，日本建築学会論文報告集，No.284，1979.
5）室崎益輝：建築防災・安全，鹿島出版会，1993.
6）日本火災学会：火災と建築，共立出版，2002.
7）日本建築学会：建築設計資料集成 [人間]，丸善，2003.

2. 防火安全技术

2.1
预防火灾

起火原因 [1]

　　起火的原因除了纵火和纵火嫌疑外，很多是由抽烟和煤气炉造成的。其他还有火炉、电线和设备等电路系统引起的火灾，由用电设备或发热器具等引起的火灾。近些年因抽烟引起的火灾逐年减少，而电线和电气设备等电路系统引发的火灾事故在缓慢上升。

　　防止建筑火灾危害的最根本和有效的方法就是杜绝火灾发生。因此从考虑保护人民生命财产的角度出发，必须制订防止火灾发生的维护管理计划。

　　具体措施就是限制用火设备和发热设备的种类或采取合理的使用方法，对家具等的数量和材质等进行限制和管理。但即使有万全之策也不能完全杜绝火灾发生。所以还必须制定各种火灾发生时防止着火和蔓延的具体措施。

可燃物的管理

　　不同建筑用途的起火的主要原因是不同的。住宅火灾主要是由抽烟以及煤气炉、火炉等用火设备引起 [2]，而住宅之外的建筑，除了煤气炉、抽烟之外，还可由电线和机器设备等电路设备引起火灾。

　　不同建筑用途的起火原因不同是因为可燃物的种类不同。在住宅建筑中，寝具类和服装类的着火造成的死亡事故多 [3]。而在办公建筑中，随着办公现代化的普及，楼板下有可燃物 [4]，引发火灾的可能性大。

　　可燃物的种类有木材、纸类，随着对轻型多功能的追求，塑料收纳箱等越来越多。另外，近年来着火后会急速膨胀并产生有毒气体的高分子类材料也在增加。

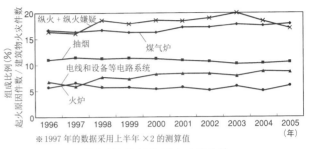

※ 1997 年的数据采用上半年 ×2 的测算值

[1] 建筑起火原因的年度推移[1]

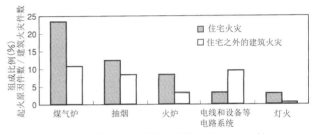

[2] 按照建筑用途分类的起火原因（2005 年）[1]

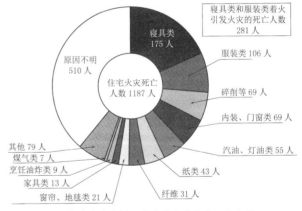

[3] 住宅火灾中按照着火物件分类的死亡人数
（纵火自杀者除外，2006 年）[1]

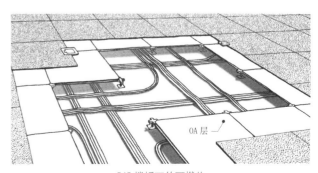

[4] 楼板下的可燃物

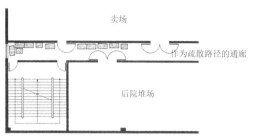

[5] 常放置大量可燃物的卖场后院堆场

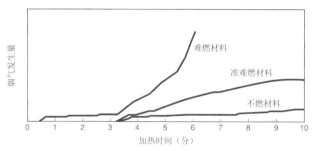

[6] 内装材料的烟气发生量示例

• 窗帘 • 布百叶 • 遮光窗帘 • 地毯等 • 幕布 • 舞台上使用的帷幕或用于道具的胶合板 • 展览中使用的胶合板 • 工地中使用的罩布	• 床上用品(被褥、毛巾被、枕套等) • 填充物(寝具中的棉花、羽绒等) • 被褥类、毛毯类、帐篷类、幕布类 • 便携式应急袋、防灾头巾等 • 衣服类、罩布家具或其他遮罩物等 • 装饰板、屏风纸 • 展板 • 祭坛、祭奠用白布、垫子等 • 防护网、防火服及其他覆盖物
[7] 主要防灾物品	[8] 建筑中使用的主要防灾制品

[9] 酒店中防止火灾延烧措施例

商业店铺的后院堆场 [5]

储藏很多可燃物的商业店铺等建筑,设计货物堆场时必须留有足够的管理通道并保证足够的收纳空间。否则可能因为收纳空间不足,在疏散路线上随意堆放可燃物品,影响火灾时的疏散行动。

内装材料的种类与性能 [6]

为了防止火灾时易燃内装材料加速火灾的发展,应合理选择从居室到楼梯途经路线上的内装材料。内装材料按照烟气发生量从小到大的顺序可分为不燃材料、准不燃材料和难燃材料。

不燃材料的定义是加热后 20 分钟内不发生燃烧,不产生对防火有害的变形、熔融、裂缝等损伤,且不发生妨碍疏散的有害烟气和有毒气体。法规上例举的不燃材料除混凝土、钢材、玻璃外,还有厚度大于 12mm 的石膏板等。此外,准不燃材料的不燃时间是 10 分钟,难燃材料的不燃时间是 5 分钟,其他的条件与不燃材料相同。

防焰物品与防焰制品

将窗帘和地毯等易燃纤维制品改良成难燃性质的制品中,能够满足消防法中防焰性能(即使接触火焰也很难着火的性能)规定的物品被称为防焰物品 [7]。在百货商店、剧场、医院、旅馆等由不特定人群使用的建筑设施中,要求窗帘、地毯等为防焰物品。

此外,由第三方机构认证的寝具、服装类等有防焰性能的物品被称为防焰制品 [8]。

在建筑空间中,通过选用这类防焰物品等达到防止火灾延烧的目的 [9]。

参考文献

1)総務省消防庁ホームページ,消防統計資料より作成.

火灾早期发现和信息传递的重要性

通过对火灾伤亡人数的调查 [1] 发现，因逃生延误而死亡的人数占总死亡人数的 56%。其中"未能及时发现，待发现着火时已经火势扩散、烟气弥漫、无路可逃"的情况约占各种情况的 22%。

从这组数据可以看出，当发生火灾时最重要的是及时发现火情。进一步说，就是要及时将火警信息传递到建筑中的每一个人，并组织初期灭火和疏散引导等是非常重要的。

及时发现火情可以将建筑的损失控制在最小范围内。尤其是对于由不特定人群使用的设施和有就寝功能的设施，如果未能及时发现火情或发出火灾警报，可能会酿成重大火灾事故。因此无论是设计人还是管理人，都必须在建筑设计阶段对这一问题充分考虑。

火灾发生时，除发出火灾警报通知建筑使用人外，立即通知消防机构也是非常重要的。这一系列相互衔接的应急措施使灭火设备、防灾系统以及人的行动形成有机的整体，可以明显提高其有效性。尤其是初期火灾阶段是否及时采取了有效措施，对火灾危害程度起着决定性的作用。

因此报警系统只有和火灾发生、发展各阶段的应急行动指南，以及实施时的启动机制有机地结合在一起，才能真正发挥作用 [2]。

当该机制有效发挥作用时，对从火灾发生到逃生开始的时间进行了试算。其结果表明，从防灾中心到应急播报需要的时间大约为 4 ～ 5 分钟 [3]。

而对于高层建筑和有就寝功能的旅馆，由于距离火灾现场远或旅客处于睡眠状态等原因，从着火到疏散行动开始需要的时间较长。所以，使各种防灾设备联动，防止疏散组织等信息中断是非常重要的。

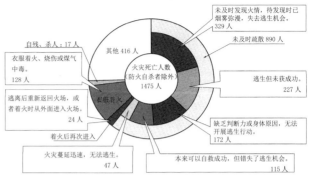

[1]火灾死亡发生原因和人数（2006 年）[1]

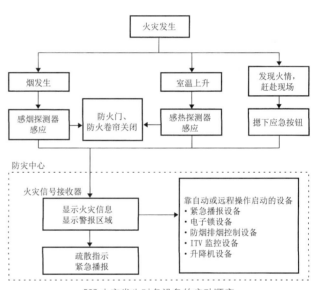

[2]火灾发生时各设备的启动顺序

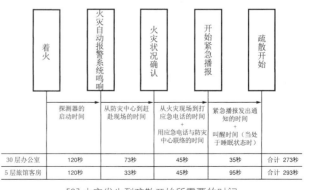

着火	火灾自动报警系统鸣响	火灾状况确认	开始紧急播报	疏散开始
	探测器的启动时间	从防灾中心到赶赴现场的时间	从火灾现场到应急电话的时间+用应急电话与防灾中心联络的时间	紧急播报发出通知的时间+叫醒时间（当处于睡眠状态时）	
30 层办公室	120秒	73秒	45秒	35秒	合计 273秒
5 层旅馆客房	120秒	33秒	45秒	95秒	合计 293秒

[3]火灾发生到疏散开始所需要的时间

○ 感温探测器

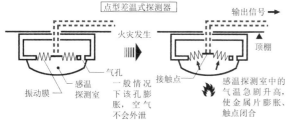

点型定温式探测器

火灾发生

输出信号

双金属片　　温度升高使双金属片弯曲闭合　　顶棚

适用场所：垃圾堆场、分货场、更衣室、开水间、电池室、污水处理室等

点型差温式探测器

火灾发生

输出信号

振动膜　感温探测室　气孔　接触点　顶棚
一般情况下该孔膨胀，空气不会外泄　　感温探测室中的气温急剧升高，使金属片膨胀、触点闭合

适用场所：停车场、自家发电室、车道、厨房中的食品库、厨房周边的通廊、通道和食堂等。

○ 感烟探测器

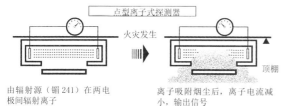

点型光电式探测器

可透气透光孔　遮光板　发光二极管

火灾发生

光电元件　输出信号
由于有遮光板，所以只接收少量的反射光　　烟气侵入，烟尘粒子散射光增加，当达到一定程度时就会发出信号

适用场所：吸烟室、旅馆客房、宿舍、楼梯、通廊等

点型离子式探测器

火灾发生

顶棚

由辐射源（镅241）在两电极间辐射离子　　离子吸附烟尘后，离子电流减小，输出信号

适用场所：旅馆客房、宿舍、地下街通道等

光电式分离型探测器

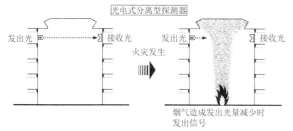

发出光　接收光　　发出光　接收光

火灾发生

烟气造成发出光量减少时发出信号

适用场所：顶棚高的中庭等

[4]火灾探测器的原理

火灾探测器的分类与原理 [4]

火灾探测器大致可分为因温度升高而启动的感温探测器和感觉烟气的感烟探测器。

感温探测器又可分为当周围温度的上升率达到规定比例时启动的差温式探测器和周围温度达到规定温度时启动的定温式探测器。

感烟探测器一般是当周围空气达到一定浓度时启动。根据温度和烟的特点，探测器一般设置在顶棚面上。

但必须注意的是：如果探测器在非火灾的情况下连续出现误报，会降低唤起人们注意力的报警功效，当火灾真正发生时可能无法发挥作用；探测器一般设置在烟气容易流入、火灾危险性高的场所，而这些场所由于粉尘大、环境湿度大，会滋生虫子，对探测器容易造成污染。

防止探测器误操作的方法有：

● 采用与场所相适应的探测器（比如在排出气体多的停车场采用感温探测设备等）；

● 探明误报的原因，从源头上解决误报问题；

● 定期检查和更换。

在中庭等顶棚高的空间中，烟气裹挟着周边的空气上升，由于体积膨胀使烟的浓度降低，温度也随之降低，用一般的探测器很难探测到。因此，这类场所适合采用发光器具和接收器具之间的光被烟气阻断时能发出警报的光电分离型感烟探测器，或者能探测火焰中红外线和紫外线的火焰探测器。

另外还可以采用其他专用的探测器具，如探测管内热膨胀的空气管式探测器，或使用光纤的探测器等。

参 考 文 献

1）消防庁編：消防白書(平成17年度版)，ぎょうせい，p.38，2005.

火灾自动报警系统 [5][6]

　　火灾自动报警系统设置在由管理人员管理的防灾中心。该设备在发现火情后，在接收器上显示着火位置的同时可发出火灾警报，并通知建筑使用人。

　　为准确通知起火位置设置的警戒区域对获得疏散引导的必要信息同样是非常重要的。

紧急播放设备的播放范围 [7]

　　在地下街、高层建筑、多层地下室等众多不特定人员使用的建筑中，火灾发生时，只发出警报铃响会引发混乱，应该设置播放设备。警报铃声的鸣响范围应根据建筑规模、用途及空间形态等确定，原则上以层为单位，将每层作为一个通知区域。

　　尤其是由不特定人群利用的高层建筑等，发生火灾时同时在全楼发出警报铃声容易制造混乱，可能发生次生灾害。因此通知火警的顺序是，先通知警戒区域所在的火灾层和火灾上一层（有时也包括其下一层）。然后按顺序从最危险的层开始实施疏散引导。但是当有跨越多层的挑空空间时，由于烟气可能大范围扩散，火灾的报警范围应包括所有面向挑空的楼层。

住宅用火灾报警器的设置

　　住宅着火死亡人数占建筑着火死亡人数的 80% 以上 [8]，其中就寝时间段火灾的死亡人数超过死亡总数的 40%。造成这一现象的原因是 60% 的人员未能及时发现火情以致逃生失败。因此及时发现火情是保证安全的重要因素，所以住宅中设置报警器的越来越多。

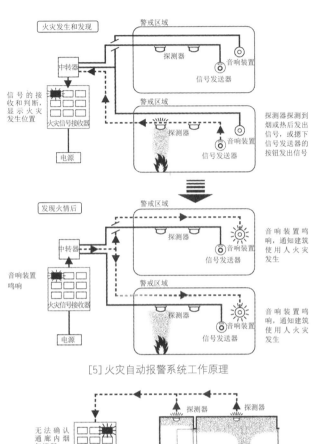

[5] 火灾自动报警系统工作原理

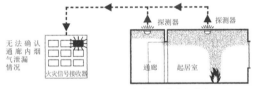

（a）通廊和起居室为同一警戒区域时

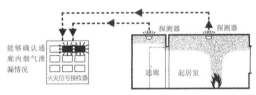

（b）通廊和起居室为不同警戒区域时

[6] 警戒区域

[7] 区域音响装置的鸣响范围

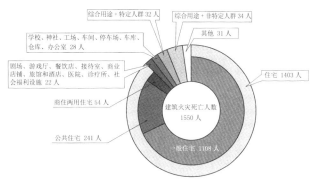

综合用途·特定人群 32 人
综合用途·非特定人群 34 人
学校、神社、工场、车间、停车场、车库、仓库、办公室 28 人
其他 31 人
剧场、游戏厅、餐饮店、接待室、商业店铺、旅馆和酒店、医院、诊疗所、社会福利设施 22 人
住宅 1403 人
商住两用住宅 54 人
建筑火灾死亡人数 1550 人
公共住宅 241 人
一般住宅 1108 人

[8] 按照建筑使用用途统计的建筑火灾死亡人数（2006 年）[1]

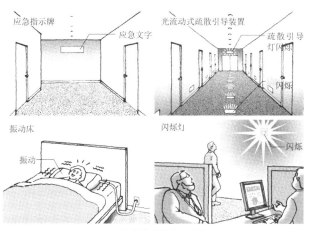

应急指示牌
应急文字
光流动式疏散引导装置
疏散引导灯闪烁
闪烁
振动床
振动
闪烁灯
闪烁

[9] 防灾信息设备示例

火灾时向建筑使用人发出火灾信息 [9]

　　火灾信息的传递依靠受灾者对火灾或报警系统发出信息的感知能力（视觉、听觉、触觉、嗅觉），必须具有火警信息的认知能力。如果其中任意一种感觉能力缺失，都会造成对火警信息的认知困难。譬如对有听觉障碍的人来说，由于无法听到紧急铃声和疏散引导声，必须借助其他信息进行判断或者需要其他信息的支持，存在火灾感知延迟的可能性。

　　对于医院、社会福利设施，以及建筑使用人中高龄者、语言不通的外国人较多的建筑，应根据建筑使用人的特点设置火灾报警系统。

　　常用的防灾信息设备有应急指示牌、光流动式疏散引导装置、闪烁灯、闪烁有声疏散引导灯、振动床、可播放疏散指示的电视显示屏等。只依靠其中一种设备很难帮助所有的人。因此可以考虑利用几种设备的组合，包括人力救援等措施。

参 考 文 献

1）消防白書（平成 17 年度版），消防庁編集，ぎょうせい，2005.

■长崎俱乐部之家火灾事件

　　2006 年 1 月 8 日（星期日）下午 2 点 19 分左右，长崎县大村市内的某认知障碍高龄者俱乐部之家"安逸的里樱馆"发生火灾，设施全部被烧毁，酿成死者 7 人、伤者 3 人的惨祸。

　　该建筑为平房，钢筋混凝土结构，局部木结构，占地面积 279.1m²。建筑内设置的消防设备有灭火器和疏散引导灯。经事后对火灾原因分析推断，很可能是抽烟或使用打火机引燃了沙发等可燃物，造成火势蔓延。

　　通常该类设施在夜间会有一人值班。可能是值班人员去他处巡视，未能及时发现火情。此外入院者发现火情后立即通知工作人员和其他入院者并向消防机构报警，这种常规的防火措施在这里很难实现。这一事件充分说明，在此类设施的防火措施中，减轻管理人火灾的早期发现和报警的负担是非常必要的。[认知障碍高龄者俱乐部之家防火安全措施研讨会报告集（案），总务省消防厅，2006 年 3 月]

着火位置
卧室
卧室
公共用房
门厅
办公室
护理洽谈室
职员休息室
卧室
卧室
卧室
卧室
浴室

疏散路线设计原则

建筑利用人的特性根据逃生能力和对空间的熟悉程度，建筑用途中有无就寝功能而不同。疏散路线的设计原则是结合建筑利用人的特点，制定具体的疏散路线、容量和保护措施[1]。

疏散路线设计可分为三个阶段[2]。①确保双向疏散路线：保证从起居室到疏散楼梯的疏散路线和宽度，布置疏散楼梯等。②保证楼梯间的安全：防止烟气或火焰侵入楼梯间。③保证从避难层的楼梯到楼外地面疏散路线的安全。

疏散路线的形式

疏散路线的形式如[3]中所示，根据建筑的用途和面积选用。安全区和露台作为逃生人员的临时避难点，还可以防止烟气侵入楼梯间。其中形式 A 由于烟气侵入楼梯间的可能性高，只适用于烟气消散快的室外楼梯。通往室内楼梯间的疏散路线如形式 B ～ D。

此外，在有行动障碍或移动困难的病人的医院手术室、CCU、ICU 等房间，应设置可以长时间安全滞留的封闭空间。

疏散楼梯

疏散楼梯的形式如[4]中所示，根据建筑规模和用途进行选用。在高层建筑中，由于竖井的防烟非常重要，应在楼梯的前方设置安全区或前室，在阳台上也宜设置前室。

[1]建筑使用人的特性和疏散计划

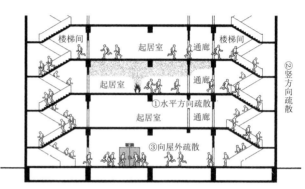

[2]利用楼梯的疏散计划

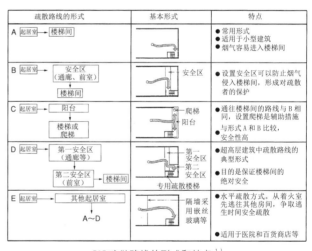

[3]疏散路线的形式和特点[1]

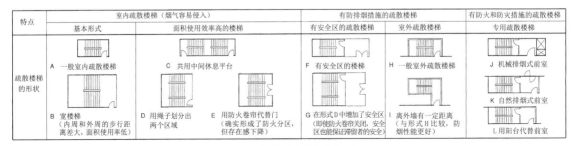

[4]疏散楼梯的形式和特点[1]

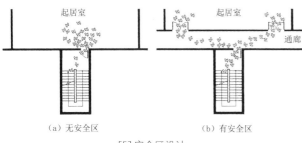

（a）无安全区　　　　（b）有安全区

[5] 安全区设计

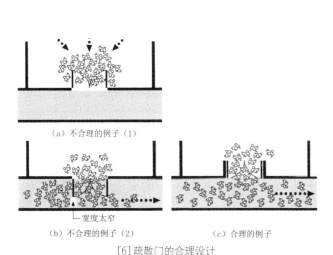

（a）不合理的例子（1）

└ 宽度太窄

（b）不合理的例子（2）　　　（c）合理的例子

[6] 疏散门的合理设计

（a）合理的例子　　　　（b）不合理的例子

[7] 疏散楼梯入口设计

办公室　　店铺

防火卷帘

饮食店　　入口大堂　　办公室

防火卷帘

[8] 从疏散楼梯出口到室外的疏散路线设计

安全区

是指对起居室用不燃材料的隔墙分隔出的通廊和前室，其作用是为了使人员快速完成从起居室的撤离，保证疏散路线的安全。面向安全区的门应为自动闭锁式，除很小的房间外，应设置排烟设备。

[5]（a）的布局中，大量人员在起居室通往楼梯的门口处滞留，延长了从起居室进入安全区的时间。[5]（b）的布局与 [5]（a）的区别是，从起居室到楼梯的疏散时间缩短，滞留可发生在安全的疏散路线上。

对不特定人群的考虑

对于商业店铺等不特定人群利用的建筑，由于人群对空间的认知度低，紧急疏散时一般倾向于随着人流方向移动。因此紧急出口的门应向外开。[6]（a）的布局中，由于人流涌向同一出口，在人群的挤压下门被关闭无法打开；[6]（b）的布局中，门虽然向外开，但是影响通廊等疏散路线的有效宽度；因此 [6]（c）的布局是合理的。

疏散楼梯的入口设计

疏散楼梯不仅着火层的人利用，其他层的人也会大量涌入。所以应将疏散楼梯的入口设置在不影响人群移动的地方。[7]（a）的布置中门厅突出楼梯，不影响上层疏散人流的移动；[7]（b）的布置中电梯厅设置了双门，人群可以从两个方向进入，门外开对人流交汇形成障碍，平台上容易发生混乱。

避难层楼梯出口到安全出口的疏散路线 [8]

在避难层，应尽量缩短从楼梯出口到安全出口的距离，并保证疏散路线不受火灾的影响。当面向疏散路线的房间有着火的可能时，应考虑其房间内是否有用火设备、是否安装了自动喷淋，在此基础上进行安全疏散线的设计。

参 考 文 献
1）日本建築学会编：建筑设计资料集成 10 技术，
　　丸善，1988 より作成.

防排烟的目的

防排烟是为了防止烟气涌入疏散路线，危害疏散人员的生命安全和妨碍消防队员的灭火救援行动。

防排烟主要考虑三种方法 [1]。另外还有自然排烟或机械排烟，增压或减压等多种形式 [2]。

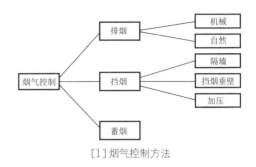

[1] 烟气控制方法

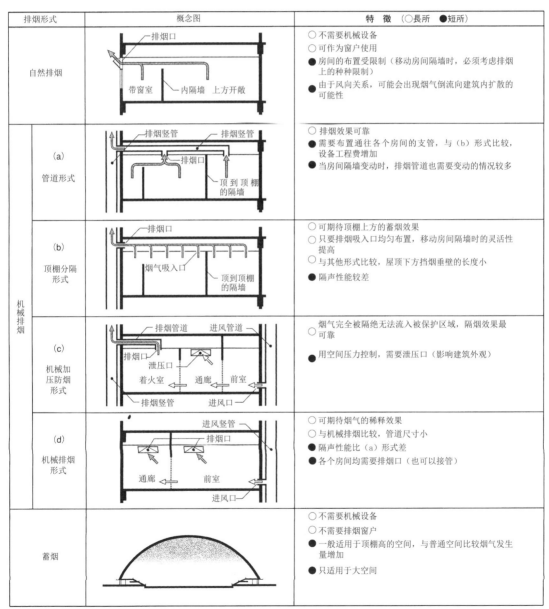

排烟形式		概念图	特 徵 （○長所 ●短所）
自然排烟		排烟口／带窗室／内隔墙 上方开敞	○ 不需要机械设备 ○ 可作为窗户使用 ● 房间的布置受限制（移动房间隔墙时，必须考虑排烟上的种种限制） ● 由于风向关系，可能会出现烟气倒流向建筑内扩散的可能性
机械排烟	(a) 管道形式	排烟竖管／排烟竖管／排烟口／顶到顶棚的隔墙	○ 排烟效果可靠 ● 需要布置通往各个房间的支管，与（b）形式比较，设备工程费增加 ● 当房间隔墙变动时，排烟管道也需要变动的情况较多
	(b) 顶棚分隔形式	排烟口／烟气吸入口／顶到顶棚的隔墙	○ 可期待顶棚上方的蓄烟效果 ○ 只要排烟吸入口均匀布置，移动房间隔墙时的灵活性提高 ○ 与其他形式比较，屋顶下方挡烟垂壁的长度小 ● 隔声性能较差
	(c) 机械加压防烟形式	排烟管道／进风管道／排烟口／泄压口／着火室 通廊 前室／排烟竖管 进风口	○ 烟气完全被隔绝无法流入被保护区域，隔烟效果最可靠 ● 用空间压力控制，需要泄压口（影响建筑外观）
	(d) 机械排烟形式	进风竖管／排烟口／通廊 前室／进风口	○ 可期待烟气的稀释效果 ○ 与机械排烟比较，管道尺寸小 ● 隔声性能比（a）形式差 ● 各个房间均需要排烟口（也可以接管）
蓄烟			○ 不需要机械设备 ○ 不需要排烟窗户 ● 一般适用于顶棚高的空间，与普通空间比较烟气发生量增加 ● 只适用于大空间

[2] 烟气控制的形式和特征

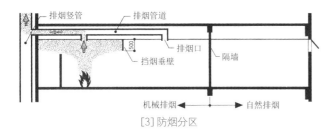

[3] 防烟分区

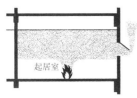

排烟口的位置低时烟层也低，不利于疏散。

排烟口的位置高时，随着烟气温度的升高，排烟量也增加。

（a）排烟口的设置高度

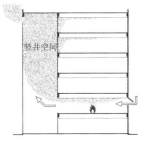

当高层建筑的低层排烟口开启时，如果在室内供应暖气，室外的空气可能因为烟囱效应从排烟口倒流进室内。

（b）高层建筑中排烟口的设置

[4] 自然排烟口的设置方法

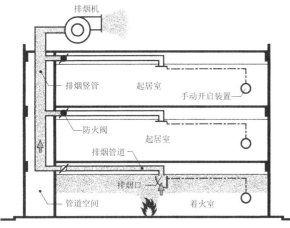

[5] 机械排烟设备概念图

防烟分区 [3]

设置防烟分区的目的，是为了将烟气控制在局部区域内，使火灾探测器能够及时感应，并提高排烟效率。具体做法是，用隔墙分区或从顶棚上下挂挡壁形成垂壁。挡烟垂壁采用不燃材料，如果用玻璃材料，为防止掉落，应采用嵌丝玻璃或者加强玻璃等。

在自然排烟和机械排烟等不同排烟形式的交界处，为防止对机械排烟形成障碍，应采用从地面到顶棚的全隔断隔墙。

自然排烟 [4]

自然排烟的工作原理是，利用烟的浮力，在顶棚或外墙上设置开口，将烟直接排出室外。该方法的优点是既可以排烟、防止烟气下沉，又可以降低烟的浓度。但是这种排烟方式容易受外部气候条件的影响，布置前应充分了解烟的特点。另外自然排烟还容易受外部风条件的影响，设计时不仅要保证开口的大小，还要考虑风的方向。

机械排烟

机械排烟设施由排烟口、管道和排烟机等组成 [5]。这种方法的工作原理是，启动手动开关装置打开排烟口、启动排烟机，利用机械力将烟气排出室外。这种方法的优点是不仅防止烟气下沉，还可以降低室内压力，防止烟气流向其他地方。但是如果连续吸收高温烟气，可能会使火灾向非火灾层蔓延。因此在管道穿过隔墙的位置应设置温度达到280℃时自动关闭的防火阀。

为了充分发挥机械排烟的效果，应根据空间用途合理设置管道系统，避免防烟分区的大小差异过大。尤其是应根据疏散路线，合理设置手动开关装置和排烟口的位置（下一页 [6][7][8][9]）。

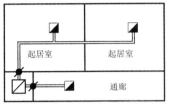

作为疏散通道的通廊应能够持续排烟。其系统和一般起居室的系统独立设置，以保证起居室的排烟阀门关闭时，通廊的排烟系统仍能正常工作。

（a）通廊与起居室的例子

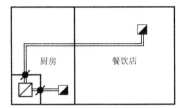

厨房有用火设备，其排烟系统和其他房间的排烟系统应分别设置。

（b）有用火设备房间的例子

[6] 房间用途与管道的独立设置

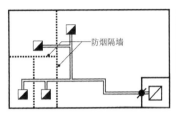

同一管道系统中，当防烟分隔的房间面积相差很大时，在小房间内由于排烟风量或静压过大会引起门的开启障碍。

（a）不合理的例子

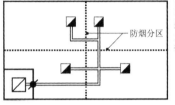

同一管道系统中，适当增加防烟分区的面积使各分区的面积相当，可以得到稳定的排烟量。

（b）合理的例子

[7] 防烟分区的合理划分

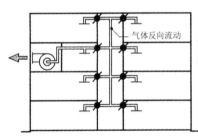

由于烟在浮力作用下向上移动，当排烟机位置低于排烟口，或管道内气体移动方向向下时，排烟效率降低。

（a）不合理的例子

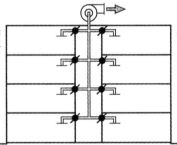

将排烟机位置设置在排烟口上方，利用烟的浮力作用，可以提高排烟效率。

（b）合理的例子

[8] 排烟管和排烟机的位置

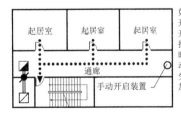

如果疏散路线上无手动开启装置，排烟口无法开启的可能性增加。排烟口设在楼梯门附近时，疏散方向和烟气移动方向重叠，疏散人员受烟气危害的可能性增加。

（a）不合理的例子

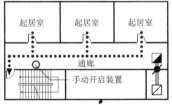

沿着疏散路线设置手动开启装置，将排烟口设置在与疏散方向相反的位置使烟气向反向移动，可降低疏散人员受烟气危害的可能性。

（b）合理的例子

[9] 疏散方向与排烟口的位置

[6]～[9]：凡例　　◤ 机械排烟口　　▨ 排烟竖井　　● 防火阀　　◎ 排烟机　　○ 手动开启装置

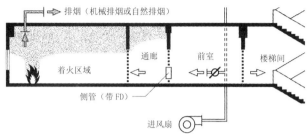

[10]加压形式排烟概念图

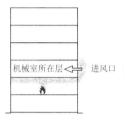

①必须注意进风口和下层开口的位置关系，防止烟气短路倒流。

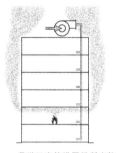

②送风扇的设置场所应能保证从窗户流出室外的烟气不会倒流入室内。

③着火室的排烟功能停止时应进行泄压。由于泄压口影响建筑的外立面，在设计方案阶段就应予以考虑。

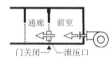

④为了防止前室中压力过高对门的开合形成阻碍，应设置泄压口。泄压口应设置在房间的较低位置，以防止引起顶棚上的烟气层扰动。

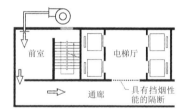

⑤由于电梯井道等竖井中有很多缝隙，可漏气的地方很多。因此当竖井面向加压空间的通廊时应设置具有挡烟性能的隔断。

[11]机械加压防烟时，设计上的注意事项

机械加压防烟方法

机械加压防烟方法是利用电机对消防楼梯的前室、消防活动点（紧急电梯出入口）等空间送风加压，使气压从安全性高的地方向低的地方逐渐降低，以使着火室的压力最低，控制气压的流向，防止烟气向疏散通道扩散 [10]。一般的排烟方法是当烟气涌入时开始排烟，而送风加压方法是根据火灾的扩大状况阻止烟气蔓延，防止烟气流向需要保护的区域。设计上的注意事项见 [11]。

机械排烟方法 [12]

机械排烟方法是利用机械力给室内加压将烟气挤出室外的方法，共有两种形式。方法（a）是给每个房间单独加压排烟，方法（b）与加压防烟方法类似，需要在每个房间内设置排烟口。

排烟口必须与室外连通，距离短时可以用管道连接，但是必须考虑管道系统的压力损失，保证有效开口面积。

参考文献
1）建设省住宅局建築指導課監修：新・排煙設備技術指針 1987 版，日本建築センター，1987.

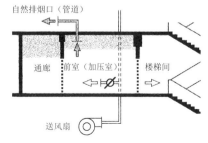

（a）对每个房间单独送风和排烟时

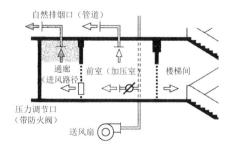

（b）对多个房间统一送风、每个房间单独排烟时

[12]机械排烟概念图

2.4　防排烟技术（2）　　39

用空调通风兼做排烟

这是将平时的空调和通风设备的管道作为火灾时防烟设备使用的方法。将只有紧急情况下才会使用的设备作为平常设备使用，可以减少顶棚下的管道空间，提高系统的可靠性。但同时也存在一些问题。比如系统的结构变得复杂，阀门的反复切换使耐久性降低，未及时切换可能造成烟气扩散等。在设计时必须引起高度重视。

空调系统兼做排烟系统主要有两种方法[13]，其中多采用 A 方法。因为规定的排烟风量一般大于空调风量，因此必须进行性能化设计。

用空调通风兼做排烟的例子

机械排烟只在发生火灾时启用，紧急情况发生时是否能正常启动令人担忧。从这一观点出发，兼做排烟设备的空调机和通风设备平时经常使用，还可以直接在火灾中发挥作用，有故障时能够及时发现，可靠性高。此外，由于不需要设置排烟竖管，可以有效防止火灾向上层蔓延，并可以增加有效使用面积。

有乐町 MALION 在全馆中采用了空调通风兼做排烟的系统[14]（a）。根据百货商店、大堂、电影院、停车场等的用途特点，使用了空调系统的部分管道和所有送风机。从空调或通风切换到排烟，使用气压切换阀。

九段第三合同厅舍和千代田区政府总部大楼的低层采用水平疏散形式，在起居室部分使用了兼做空调机的机械加压防烟系统。在火灾区采用机械排烟，在非火灾区利用空调机加压送风以防止烟气进入[14]（b）。该系统中，日常使用的空调机不仅可以排烟，还可以主动防烟。

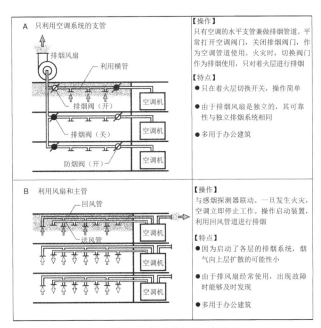

[13]空调通风兼做排烟装置的分类

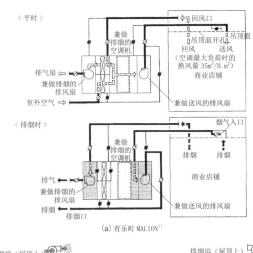

（a）有乐町 MALION[1]

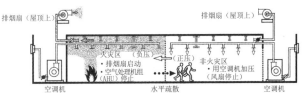

（b）九段第三合同厅舍和千代田区政府总部大楼

[14]空调和排烟的切换例子

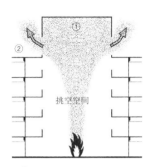

① 应保证高于起居室上方的蓄烟空间

② 应考虑风等外部环境的影响，在两个方向布置自然排烟口。

③ 无法实现①的布置时，应用玻璃等对挑空空间的上面几层进行分隔处理。

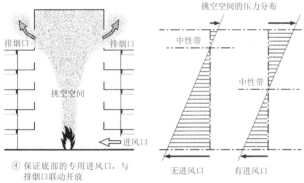

④ 保证底部的专用进风口，与排烟口联动开放

[15] 中庭烟气控制要点

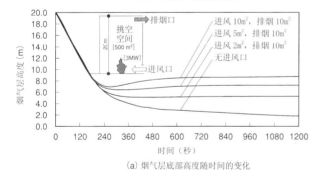

（a）烟气层底部高度随时间的变化

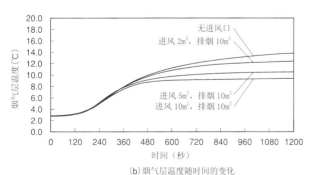

（b）烟气层温度随时间的变化

[16] 进风口与自然排烟效果的关系

中庭的烟气控制

近年来，在单体建筑或综合设施的局部位置，沿竖直方向跨多层设置中庭、沿水平方向设置商店街、大通廊的越来越多。

在中庭内，烟气上升时会裹挟大量的空气，使容积不断增加。在高层区域即使设置了防火卷帘，烟气在卷帘启动之前扩散至相邻空间的可能性也很大。为了解决这一问题，可以在屋面以下的数层设置玻璃幕等固定隔断。

由于中庭的顶棚高、空气容积大，烟气层开始下降需要时间较长，会在高处形成一定厚度的稳定烟气层。进行烟气控制时经常利用烟气的这一特点。此时设置进风口非常重要，还要考虑进风量和排烟量的平衡[15]。

即使排烟口的尺寸相同，如果进风口的尺寸不同，烟气层的高度也是有差异的。进风和排烟的比率越接近1：1，烟气层的稳定高度越高[16]（a）。进风口越大，排烟效率越高，烟气层的温度上升越慢[16]（b）。但是即使进风口大于排烟口，对防止烟气层下降和降低烟气层温度也没有明显效果。由于进风口位于建筑的下方，对建筑立面效果影响较大，开口面积往往达不到要求。为了防止烟气层下降，进风口和排烟口的比例可取1：1～2。

参 考 文 献

1）建设省住宅局建築指導課監修：新・建築防災計画指針 建築防災計画実例図集1985年版，日本建築センター.

2）日本建築学会編：事例で解く改正建築基準法 性能規定化時代の防災・安全計画，彰国社，2001.

设置防火分区的目的和类别 [1] [2]

设置防火分区是为了防止火灾扩大，将火灾范围控制在建筑的局部区域内，以减少财产损失，保证疏散人员和消防救援活动的安全。防火分区有面积防火分区、竖向防火分区、用途防火分区和楼层单元防火分区。

面积防火分区 [3]

面积防火分区是按照一定的楼板面积划分空间，将燃烧区限制在一定规模以下的分区方法。面积防火分区不仅是为了最大限度地减少损失，对确保疏散和消防活动的安全也非常重要。分区面积的大小与层数和内装材料的种类等有关。对于建筑的高层部位，由于很难从外面开展消防活动，所以规定的防火分区面积相对较小。划分防火分区是为了防止火灾扩大，所以分隔墙应采用准耐火结构或耐火结构，在有开口处应设置专用防火设备。

用途防火分区 [3]

当存在两种以上管理形态不同的用途时，为防止火灾向其他用途蔓延的分区方法。当不同管理形态的用途空间相邻时，一侧发生火灾，相邻一侧在信息传递、人员疏导等方面会出现意想不到的混乱。所以在这种情况下，原则上应根据用途进行防火防烟分区的划分。

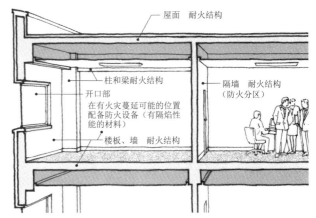

[1]防止火灾延烧措施的种类和组成构件

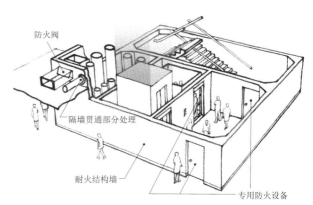

[2]核心区周围的火灾蔓延防止对策

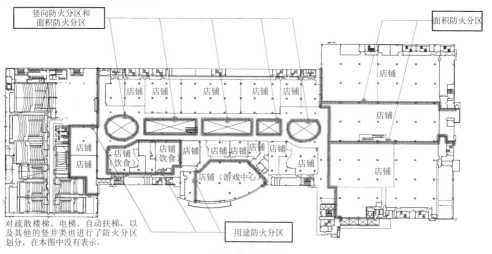

[3]防火分区的种类

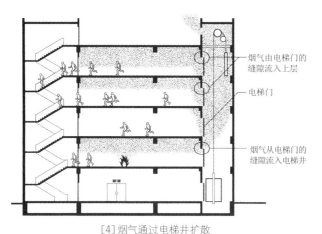

烟气由电梯门的
缝隙流入上层

电梯门

烟气从电梯门的
缝隙流入电梯井

[4]烟气通过电梯井扩散

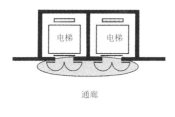

（a）用防火防烟卷帘分区的例子

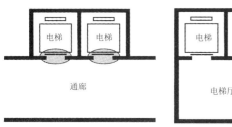

（b）用专用防火设备分区的例子

（c）用有隔烟性能的电梯门分区的例子　（d）用电梯厅分区的例子

[5]围绕电梯井的竖向防火分区

竖向防火分区 [4]

为防止烟气通过电梯井、自动扶梯、楼梯间以及管道井等竖向连续空间扩散而进行的分区。烟气一旦流入竖井，就会向不了解火灾状况的上层扩散，将所在层的疏散人员置于危险境地。以往的多个火灾事例也表明，火灾不仅造成物质损失，在着火层以上的楼层中因烟气窒息致死的事故也很多。

冬季由于建筑内外的温度差，形成室外空气从低层进入竖井，从高层由竖井流出室外的气流特点。当下层发生火灾时烟气更容易经由竖井扩散。

在形成竖向防火分区的开口处应设置具有隔烟功能的防火设备。

围绕电梯的竖向防火分区

电梯门是推拉门，在出入口处与主体结构需要留有一定余量，在构造上容易形成缝隙。[5]（a）～（c）中采用的保证隔烟性能的措施是设置具有隔烟功能的电梯门、卷帘或防火门等；[5]（d）中采取的措施是对包括电梯厅在内的电梯井划分竖向防火分区，此时电梯厅不能作为平面计划中的疏散通道使用。

围绕自动扶梯的竖向防火分区 [6]

自动扶梯周边用防火防烟卷帘、防火门进行分隔。为了使防火卷帘及时启动，在顶棚下设置挡烟垂壁具有使烟气短时间积聚、感烟探测器及时检出烟气的效果。同时还可以有效防止烟气进入竖井。当自动扶梯直接面对起居室时，如果在卷帘下方有堆积物则无法形成分区，此时可以用固定玻璃分隔。

围绕中庭的竖向防火分区

从火灾安全上考虑，应特别重视围绕中庭的防火分区设计，因为烟气可能通过竖井流入各层。

防火分区一般多由感烟探测器启动时自动关闭的防火卷帘门组成。为了使感烟探测器及时启动以在烟气侵入中庭之前形成分区，可以与自动扶梯周边一样设置挡烟垂壁。

由于中庭下方可能有可燃物品，应根据起火点不同采用不同的分区方法 [7]。图（a）当中庭起火时应关闭所有面对中庭的卷帘。图（b）当与中庭相接的房间起火时只关闭起火房间的卷帘。但当烟气泄露时则采用与(a)相同的分区方法。

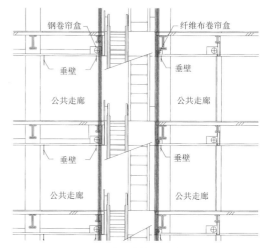

[6]围绕自动扶梯的竖向防火分区

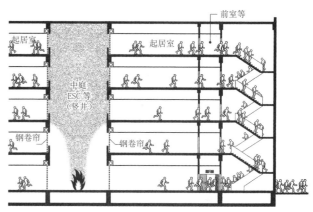

（a）中庭内着火时

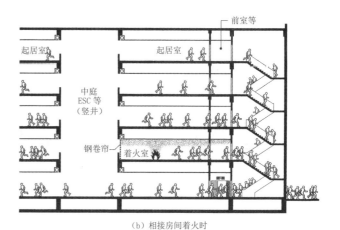

（b）相接房间着火时

[7]围绕中庭的竖向防火分区

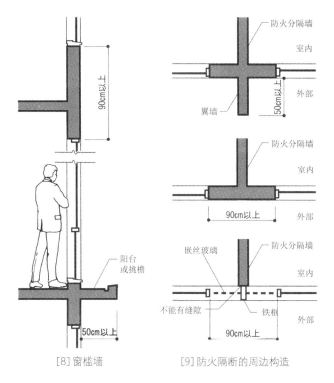

[8]窗槛墙

[9]防火隔断的周边构造

防火分隔墙
室内
外部
翼墙

防火分隔墙
室内
90cm以上
外部

嵌丝玻璃
防火分隔墙
室内
不能有缝隙
铁框
外部
90cm以上

防火分区的种类	防火设备类别	防火设备的要求性能		除平常关闭以外的联动闭锁方式
		隔焰性能	挡烟性能	
面积防火分区	专用防火设备	1 小时	不需要	热或烟
竖向防火分区	防火设备	20 分钟	需要	烟
用途防火分区	专用防火设备	1 小时	需要	烟

一般火灾时，在火灾热度加热开始后的规定时间内，除火焰加热面外，其他面不被火焰穿透。

[10]防火分区与要求性能

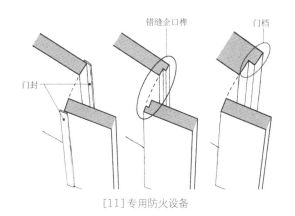

门封
错缝企口榫
门档

[11]专用防火设备

层间分区 [8]

为了防止火灾通过外墙开口向上层或下层发展而设置的分隔。

火灾向上下层发展，不仅增加燃烧面积，而且会使火势更加猛烈。这是因为楼板一旦被烧穿或损坏，将会使空气流量增加。用于划分分区的构件有楼板、外墙（窗槛墙）、挑檐、阳台等。

防火隔断的周边构造

防火分区的隔墙与外墙相交处需要采用[9]中所示构造，否则的话火势将穿过外墙开口向水平方向蔓延。

防火分区与要求性能 [10]

防火分区由楼板、隔墙和开口组成。根据设置分区的目的不同，要求性能也不同。

对于面积防火分区，要求有 1 小时隔焰性能的专用防火设备。平常处于开放状态的门应与感烟探测器联动，火灾时能够自动关闭。

对于竖向防火分区，要求有挡烟性能的专用防火设备。平常处于开放状态的门应与感烟探测器联动，火灾时能够自动关闭。竖向防火分区一般多兼做面积防火分区，此时的开口部位为专用防火设备。

防火门 [11]

防火门（防火设备、专用防火设备）与门框或其他防火门的连接处，应设置错缝企口榫、门封或门档，保证安装的金属件等在门关闭时不外露，以保证门关闭后没有火焰可以穿过的缝隙。

防火阀门 [12]

火焰或烟气一旦进入空调或通风管道，可能会使烟气瞬间弥漫整栋楼。所以穿过防火墙的管道中应设防火阀。

防火阀有两种类型，一种类型的工作原理是当温度升高时金属易熔片融化使叶片转动自动关闭；另一种类型的工作原理是接收到感烟探测器的信号后自动关闭。

防火墙穿透部位

如果对配管、电缆等穿过防火墙的贯通部位处理不当，贯通部分会变成火灾的传播路径，形成防止火灾延烧的薄弱环节。因此必须严格按照法规的规定对贯通部分进行防火处理 [13]。特别是有大量成束电缆的电缆桥架，一旦着火将猛烈燃烧，对贯通部位进行防火处理尤其重要 [14]。

防火卷帘

防火卷帘和防火防烟卷帘的区别在于是否有挡烟性能。防火卷帘用于有隔焰功能要求的面积防火分区，防火防烟卷帘用于有防烟功能要求的竖向防火分区和用途分区。一般的防火卷帘没有开口宽度的要求，防火防烟卷帘要求开口宽度为5m以下。但是现在也有开口宽度超宽的产品。

防火防烟卷帘产品和防火卷帘产品的区别在于板条的形状 [15]。防火防烟卷帘的板条形状为（a）中所示的搭接型（over lapping），防火卷帘的板条形状为（b）中所示的内扣型（inter locking）。（a）中的轨道和门楣的形状也可用隔烟材料。这种构造的缝隙比防火卷帘小。

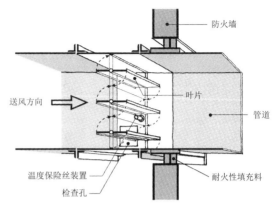

[12]防火阀例（温度金属易熔片联动型）

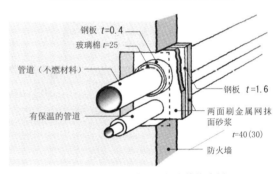

[13]管道穿防火墙贯通部位的构造例

[14]电缆桥架穿防火墙贯通部位的构造例（摄影：滨田信义）

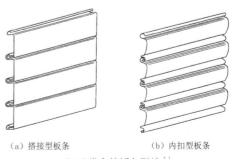

（a）搭接型板条　　　　　（b）内扣型板条
[15]卷帘的板条形状[1]

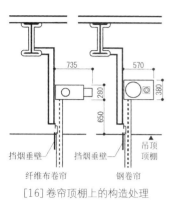

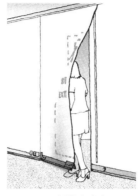

735　　570

280

650

380

挡烟垂壁　　挡烟垂壁　　　吊顶
　　　　　　　　　　　　　　顶棚

纤维布卷帘　　钢卷帘

[16]卷帘顶棚上的构造处理　　　　[17]纤维布卷帘

[18]圆弧状分区例

[19]隧道状分区例

纤维布卷帘

在材料为二氧化硅纤维的玻璃纤维织布上刷泰富隆涂层得到的纤维布卷帘形式 [16]。与钢卷帘比较，重量轻，隔热性强；并且在吊顶顶棚内的占有空间小，可减小吊顶顶棚上的空间。

带疏散口形式的纤维布卷帘 [17] 是将卷帘与出入口组合在一起，多作为自动扶梯和电梯井等竖井防火分区的隔断使用。但当很多人同时涌向卷帘门出入口时，可能会造成纤维布脱轨。因此在商业店铺、剧场、电影院等容纳不特定人群的建筑中的主要疏散路线中不适合使用。

由于纤维布卷帘的材料是布，如果顶棚上悬挂的重物（空调机、照明器具、音响设备等）可能因火灾坠落造成纤维布损伤时，原则上不应采用这种形式。

由此可见，纤维布卷帘有使用场所的限制，选用时应特别注意。

防火水幕 [18][19]

连续排列水幕喷头，火灾时通过喷出水雾形成水帘状水幕的防火设备。水粒为 $200\,\mu m$ 的微细水珠（一般水粒约为 $1000\,\mu m$）。防火水幕获得了专用防火设备认证。

防火水幕，其宽度可以根据疏散人员数量自由调整，适用于容纳了众多身体残障人员、病人、老人、小孩等弱势群体的相关设施中人员的疏散和救援行动。

此外，由于喷头的排列可以自由变化，可进行弧线防火分区划分，也可用于隧道空间和斜面空间的防火分区划分。

参 考 文 献
1）日本建築学会編：防火区画の設計・施工パンフレット，日本建築学会，1993.

设置初期灭火设备的目的

为了防止火灾发生时火势蔓延，一般对建筑内装材料都有性能要求，但是室内还会有一些可燃物品。初期灭火设备是为了使居住者在室内物品着火的初期阶段能够及时灭火而设置的灭火设备。

灭火器材 [1]

灭火器材有简易灭火工具（水桶、防火水槽、干砂和铲子等）和灭火器等，现在的主要灭火器材的95%以上是灭火器。

灭火设备中使用的灭火剂，有的适用于普通火灾（A类），有的适用于油火灾（B类）和电气火灾（C类）[2]。

自动灭火设备 [3]

自动灭火设备有自动喷淋设备、泡沫灭火设备、惰性气体灭火设备等，可用于初期灭火，防止火势蔓延。自动喷淋设备等自动灭火设备的型号应根据设置场所和使用用途等进行选用。

自动喷淋设备有常开型（喷头平常处于开放状态）和常闭型，应根据设置场所的环境条件进行选用 [3]。在常闭型自动喷淋设备中，干式和湿式由加压供水装置、控制阀、水流感应装置和喷头组成。两种方式设备的工作原理相同，都是温度上升到规定值时喷头开启，流水感应装置喷头一侧的压力下降产生水流，水流感应装置发出信号使控制阀开启 [4]。

自动喷淋设备是具有冷却效果的灭火设备。而具有窒息效果的灭火设备有泡沫灭火设备、二氧化碳灭火设备、卤代烷灭火设备、粉末灭火设备、喷水雾灭火设备。

窒息式灭火设备适合设置在电气室或指定可燃物等不能进行喷水灭火的场所，喷水可能造成重大财产损失的陈列室、电信室，以及有油等不溶于水、但可浮于水面的燃烧物质的停车场等场所。

用色彩标志表示可适用的灭火种类
白……普通火灾（A类）
黄……油火灾（B类）
蓝……电气火灾（C类）

[1]灭火器例（照片提供：横井制作所）

特性 \ 种类	水系灭火剂			气体灭火剂		
	水	强化液灭火剂	泡沫灭火剂	二氧化碳灭火器	卤代烷灭火剂	粉末灭火剂
灭火速度	慢	慢	慢	快	快	快
冷却效果	大	大	大	小	小	几乎无
适用火灾规模	中→大	中→大	中→大	小→中	小→中	小→中
适用火灾类型	A类	A类	A类 B类	B类 C类	B类 C类	A类 B类 C类 气体火灾

[2]灭火剂的种类和性能比较

种类		设置场所	工作原理
常闭型	湿式	一般建筑（办公楼、商店等）	最普通的方式。平时管道中注满水，火灾时喷头开启立刻喷水
	干式	寒冷地区等的工场（其他、剧场的舞台部分）	平常管道中处于加压充气状态，火灾时温度探测器启动放出高压气体，管内压力下降使干式水流感应装置启动并放水
	预作用式	医院、住宅等（重要文化遗产、计算机室）	通过对喷头部位的空气加压，防止冻结和误操作等水害事故。喷头开启后不会立即放水，只有等火灾报警器发出开启信号后，水流才会流入管道并喷水
常开型		寒冷地区等的工场（其他、剧场的舞台部分）	管道内无水，只有喷头和火灾探测器等同时启动才会放水

[3]自动喷淋设备的种类

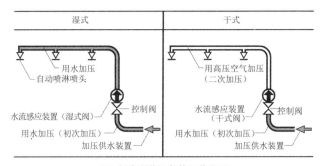

[4]自动喷淋设备的工作原理

a: 音响设备
b: 引导灯（泵启动时闪烁）
c: 报警器（P型）和兼用的开启按钮

一号消火栓（有总控制板）

（内部）

[5]室内消火栓例（照片提供：横井制作所）

出水口例（照片提供：立壳堀制作所）

进水口例（包括自动喷淋设备和消防队专用栓）

[6]进水联结口

（a）消防用水（设置在
建筑用地内）

（b）消防用水设施（利用公园中水池等）

[7]消防用水和消防用水设施

室内消火栓 [5]

室内消火栓是为火灾时建筑的使用者和管理人自行进行初期灭火行动而设置的灭火设备。消火栓分为两种，两人操作的1号消火栓和单人操作的2号消火栓。

正规消防设备

是指供消防队进行灭火行动的连接进水口的设备，用于初期灭火行动失败火势蔓延后的正规救火行动。设置这些设备非常重要，是消防活动顺利开展的保证。

连接进水管（消防专用消火栓）[6]

当火灾发生在消防梯无法到达的高度或地下部分等时，可以将消防用水输送到救火位置的设备。由于消防活动在火灾附近开展，利用该设备可以提高救火效率。

消防用水 [7]

消防用水是开展消防活动的水源。用水泵泵出消防活动需要的水，从水源处输送至连接在建筑外进水口的管道中。用火灾附近的消防队专用栓从进水口取消防用水进行灭火。

消防用水的有效水量不应低于$20m^3$，应根据建筑物的规模确定蓄水量。

紧急出入口 [8][9]

紧急出入口用于消防活动，也是消防队员从楼外进入楼内的必要设施。

如果不设置紧急出入口，必须设置消防电梯或替代出入口，保证消防活动顺利开展。

当替代出入口采用嵌丝玻璃或厚玻璃时，消防队员无法将其击碎后进入，应采用消防队员可以击碎的玻璃。

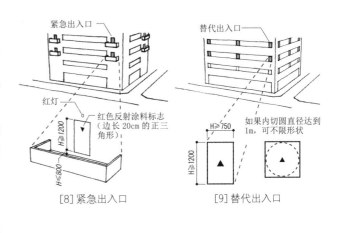

[8] 紧急出入口　　[9] 替代出入口

消防电梯 [10]

建筑物的高度超过31m时，救援人员很难从外部进入，因此必须设置消防电梯代替紧急出入口。

消防电梯是开展消防活动的重要设备，因此应设置在1层从外部容易进入的位置（30m 以内）。

消防电梯厅是消防队员开展消防活动的据点，应为耐火结构并设置排烟设备，每个电梯厅的面积应为 10m² 以上。

当火势发生蔓延时，消防队员会利用楼梯临时撤离，因此应将消防电梯和疏散楼梯布置在一起，或使其靠近疏散楼梯。

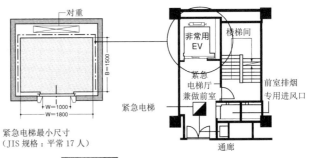

[10] 紧急电梯

紧急离着陆场所和紧急救助场所 [11]

对于超高层建筑等，确认着火点和火灾状况比中低层建筑困难得多。因此要求必须设置消防电梯。为了确保更有效的活动空间，宜设置紧急离着陆场所或紧急救助场所。

紧急离着陆场所不仅用于救援活动，而且可以作为消防队员的突击入口；紧急救助场所主要用于救助目的。由于对紧急离着陆场所和紧急救助场所的要求性能不同，其大小也不一样。

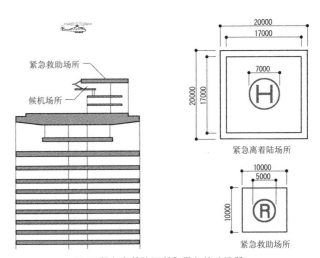

[11] 紧急离着陆场所和紧急救助场所

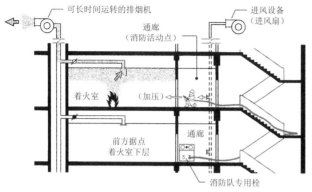

[12]消防活动点设置例

火灾发展状态	防灾中心进行监视和控制的主要机器设备	防灾中心的保安人员行动
火灾感知和发现	探测器／接收器（控制盘）／内线电话，应急电话等	保安专员（或使用者）
确认、判断、指令	接收器（控制盘）／应急电话／监视电视等	保安专员（观察确认）
警报，疏散	接收器（控制盘）／紧急播报／自动通报装置／疏散引导灯／紧急出入口等	保安专员（通报／疏导）
初期灭火	接收器（控制盘）／灭火器／初期灭火设备／排烟设备／防火卷帘等	保安专员（初期灭火）
消防灭火	接收器（控制盘）／灭火设备（供水设备等）	消防署员（前线消防队和后方支援消防队的联络点）

[13]火灾发展过程中防灾中心的作用

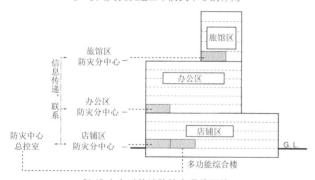

[14]火灾时的消防防灾通信网络

[15]防灾中心内的总控制台

低层建筑的消防活动点 [12]

消防活动点是指专用疏散楼梯的前室、消防电梯厅、疏散楼梯的前室等。对于低层建筑，由于很少设置紧急电梯，常利用楼梯和楼梯前的过道（前室）作为消防活动点。消防队将着火层的下一层作为消防前线据点，从这里通过楼梯进入火灾层。

为了防止烟气进入消防活动点，通过设置排烟设备保证通风路径，以确保消防队员的安全。近些年开始利用机械供风的加压防烟系统，可对一层的消防队活动提供支援。

防灾中心 [13][14][15]

防灾中心是消防活动的指挥中枢，为使消防队易于到达，应设置在避难层，或其上一层或下一层，还应容易通往消防电梯。

有些大型建筑采用的是根据管理分区、用途设置多个防灾中心的系统。此时应根据建筑的管理和运营体系进行综合设计，保证防灾分中心与一级防灾中心信息共享以及各着火场所的优先指挥权。

防灾中心和消防队之间，应针对火灾的发生位置和火灾发展状况进行信息沟通。大型建筑一般设置总控制台，其系统可对火灾状况进行总体把握。

参 考 文 献
1）消防白書(平成 11 年版)，消防厅编集，ぎょうせい，2000.

防倒塌的目的

当发生火灾时，建筑物必须保证一定时间的耐火能力。如果是耐火建筑，在灭火后不应发生倒塌。这样规定的目的是为了建筑中的人员疏散和消防活动能够顺利展开，保证生命安全和减少财产损失。同时也是为了保证他人的财产安全。因为在密集的城市街区内，一栋建筑发生火灾倒塌可能会向周围的建筑物延烧，如果发生连锁反应，可能会导致难以扑灭的城市火灾。

为了实现防倒塌的目的，应根据建筑的规模、用途、地域，将建筑分为防火结构、准耐火结构和耐火结构。

要求性能

为了防止建筑发生火灾倒塌，对主要结构的准耐火性能和耐火性能（非损伤性、隔热性、隔焰性）[1]提出了具体要求和耐火极限时间[2]。准耐火结构要求的耐火极限时间比耐火结构短[3]。准耐火结构的耐火极限时间与建筑层数无关，对柱、梁、楼板一律为45分钟（对非承重外墙无火灾蔓延可能的部位为30分钟）。

准防火和防火构造 [3][4][5]

是从防止城市街区火灾的观点出发，防止近邻建筑之间火灾延烧的构造。由于火灾延烧经常发生在木结构的连接部位，因此连接部位应采用不燃材料以保证防火性能。当火灾可能通过外墙开口蔓延时，应在开口位置设防火设备。

木结构建筑物火灾蔓延和延烧的预防措施 [6][7]

在日本木结构建筑物很多，自古以来木结构就是产生大火的主要原因。防止火灾延烧措施有设置隔墙、采用榫接节点和土墙（木骨架土墙）等。土墙对防止火势延烧有效，但是抗震性能差。

要求性能	主要构件						
	外墙	隔墙	柱	梁	板	楼梯	屋面
屋内火灾的非损伤性	(○)	(○)	○	○	○	○	
屋内火灾的隔焰性	○						○
屋内火灾的隔热性	○			○		○	
屋外火灾的非损伤性	(○)						
屋外火灾的隔热性	○						

○：需要；（○）：只需要耐火墙；无标记：不需要

[1] 准耐火结构中对主要构件的要求性能

要求性能	非损伤性			隔热性	隔焰性	
建筑部分	最上层至向下第4层	最上层向下第5至14层	最上层向下15层以上	室内除燃烧面之外的其他地面达到燃烧温度所需要的时间	不发生火焰向室外喷出的裂缝等所需要的时间	
柱、梁	1小时	2小时	3小时	—	—	
楼板、承重墙、承重外墙	1小时	2小时	2小时	1小时	(1小时)*	
非承重墙	1小时	1小时	1小时	1小时	—	
外墙（非承重墙）	会发生蔓延部分			1小时	1小时	
	不会发生蔓延部分			30分钟	30分钟	
屋面	30分钟	30分钟	30分钟	—	30分钟	
楼梯	30分钟	30分钟	30分钟	—	—	

＊ 只限于外墙

[2] 日本法规中规定的耐火极限（耐火结构）

准防火性能技术标准

部位		非损伤性	隔热性
外墙	承重墙	20分钟	20分钟
	非承重墙	—	

防火性能技术标准

部位		非损伤性	隔热性
外墙	承重墙	30分钟	30分钟
	非承重墙		
挑檐内侧			30分钟

[3] 准防火性能和防火性能的技术标准

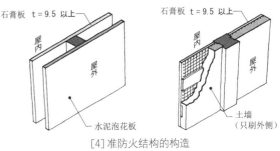

[4] 准防火结构的构造

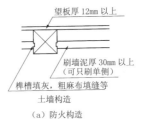

[5] 木结构建筑典型防火措施[2]

[6]木结构校舍的防火墙 　　　[7]共用防火墙的街景

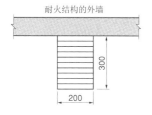

耐火结构的外墙

300

200

大截面胶合木柱子
火灾前截面

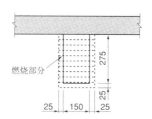

耐火结构的外墙

燃烧部分

275

25

25　150　25

用全截面面积减去外周25mm厚碳
化层的面积，进行截面验算，确认
建筑不会倒塌。

[8]木结构燃烧后生成碳化层的截面验算[1]

构造规定		保证耐火性能的材料
	钢筋混凝土结构钢骨钢筋混凝土结构	混凝土
	钢骨混凝土结构	混凝土

（a）柱
耐火1小时：构造上的最小保护层厚度
耐火2小时：柱最小直径25cm以上
　　　　　　保护层厚度5cm以上*
耐火3小时：柱最小直径40cm以上*
　　　　　　保护层厚度6cm以上*

构造规定		保证耐火性能的材料
	钢筋混凝土结构钢骨钢筋混凝土结构	混凝土
	钢骨混凝土结构	混凝土

（b）梁
耐火1小时：构造上的最小保护层厚度
耐火2小时：保护层厚度5cm以上*
耐火3小时：保护层厚度6cm以上*

* 保护层厚度的规定用于钢骨混凝土
为了确保建筑的耐火性能，对于钢筋混凝土规定柱子的厚度，对于钢骨混凝土规定最小保护层厚度，对于钢结构规定防火涂料和防火涂层的厚度。

[9]钢筋混凝土结构和钢骨混凝土结构的耐火性能（柱子、梁）

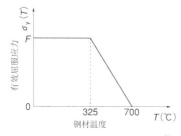

[10]高温时钢材的有效屈服强度[2]

木结构的准耐火结构（碳化层剔除设计法）[8]

由胶合木制作的大截面木结构，具有燃烧后外周碳化形成隔热层、内部不易燃烧的性质。利用该性质的设计方法被称为碳化层剔除设计法。

将外围碳化部分称为碳化截面，设计时用构件全截面面积减去燃烧后碳化截面面积得到的构件截面承受作用于主结构上的荷载（长期荷载），验算建筑是否会倒塌。

如果采用碳化层剔除设计法，允许建设层数3层、面积1500m²以下的准耐火木结构建筑。

构件耐火保护的种类与特征

耐火建筑物的主要结构有钢筋混凝土结构、钢骨混凝土结构和钢结构。为了保证建筑物的耐火性能，对各类结构分别制定了相应的标准。

钢筋混凝土结构和钢骨混凝土结构 [9]

对于钢筋混凝土和钢骨混凝土，为了防止结构中的钢筋或钢骨在火灾温度快速升高时强度降低，为保证其耐火性能规定了最小保护层厚度。

混凝土由于是现场施工，为了保证耐火时间，进行严格的施工管理非常重要。特别是对楼板施工，由于混凝土浇筑作业面大，容易产生施工误差，特别要引起重视。

钢结构 [10][11]

当高温作用下的钢材温度超过300℃时，钢材强度开始下降，700℃左右时失去承载力。而在火灾时房间的温度可能达到1000℃以上。为了防止钢结构的强度降低和房屋倒塌，应进行耐火保护处理。

参考文献
1）日本火灾学会编：火災と建築，共立出版，2002.
2）（财）日本建築センター编，耐火検証法の解説及び計算例とその解説，2001.

工法		材料	主要原料	特点	柱	梁
喷涂工法	干式喷涂	喷涂石棉	水泥、石棉	适用于维修等小型工程		
	半干式喷涂	喷涂石棉	水泥、石棉	可以用高压输送，是目前最常用的材料		
		喷涂添加石膏的石棉	石膏、水泥、石棉	通过添加适当比例的石膏减薄涂料厚度		
	湿式喷涂	湿式喷涂石棉	石棉、石膏、水泥、蛭石、珍珠岩等的混合材料	可以用抹子涂平表面		
		陶瓷系湿式喷涂石棉	水泥、无机纤维、蛭石、珍珠岩、氧化铝	强度较高		
		钙矾石系水泥	珍珠岩，氧化铝，熟石灰，碳酸钙，铝	比重高，接近普通砂浆		
	添加硬化剂型湿式喷涂	石膏系湿式喷涂	石膏、纸浆、熟石灰、碳酸钙等的混合材料	同时喷涂硬化剂（硫酸铝）使涂层硬化 不含无机纤维		
防火板制品包覆工法		纤维硅酸钙板	无机纤维、纸浆、硅酸钙、铝等	JIS 制品		
		新硅酸钙板	无机纤维、纸浆、硅酸钙、氧化铝等	薄型硅酸钙板		
		加强纤维石膏板	石膏、无机纤维、蛭石	JIS 制品，饰面处理与石膏板墙相同		
		ALC 板	钢筋、水泥、硅酸钙	与墙板材料相同，有强度		
		压制成型板	无机纤维、水泥	与墙板材料相同，有强度		
		GRC 板	无机纤维、水泥	有强度、具有装饰性		
包裹工法		高耐热石棉	特殊石棉	质量轻、柔软，表面为不织布		
		陶瓷纤维毛毡	陶瓷纤维	白色、薄型、有不织布		
		混合材料	陶瓷纤维、吸热性泥、玻璃纤维等	不产生粉尘、最小厚度不产生粉尘		
混合工法		PC、ALC、挤压墙板等各种防火板		先安装墙体制品，要特别注意节点构造		

柱（喷涂工法）：喷涂材料
梁（喷涂工法）：喷涂材料
柱：喷涂材料
梁：喷涂材料

柱（防火板制品包覆工法）：平板、型板
梁（防火板制品包覆工法）：平板、型板

柱（包裹工法）：卷材
梁（包裹工法）：卷材

柱（混合工法）：外墙板等
梁（混合工法）：外墙板等

[11]耐火保护的种类

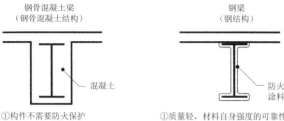

①构件不需要防火保护
②刚度增加使防振性能提高
③结构重量大，需要相应的地基和基础
④隔音、耐久性好
⑤施工工期长

①质量轻，材料自身强度的可靠性高
②材料本身不耐热，需要防火层
③变形能力强，在超高层建筑中广泛使用
④与钢骨混凝土比较，可缩短工期

[12]钢骨混凝土梁和钢梁的特点

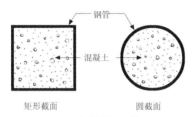

[13]钢管混凝土柱

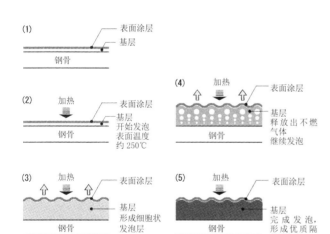

[14]防火涂料的发泡原理

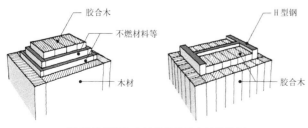

[15]发挥钢和木材优势的组合结构柱例

钢骨混凝土梁和钢梁的特点 [12]

钢结构的梁分为钢骨混凝土梁和钢梁。钢骨混凝土梁施工工期长，建筑重量大，但防振和耐热性能好。钢梁虽然轻，但不耐热，需要用耐火包覆材料进行保护［参见4.2(2)］。

钢管混凝土柱 [13] [参见 4.2 (2)]

钢管混凝土柱是在钢管柱内填充混凝土的结构。由于混凝土的热容量大，比一般的钢骨柱耐热性能好。

对钢管混凝土柱规定的耐火结构的保护层厚度比钢柱薄。另外钢管混凝土柱结构的原理是用钢骨约束混凝土，所以其稳定强度高于钢柱。如果进行性能化设计，在有些部位也可以取消防火涂料。

防火涂料 [14]

钢结构上喷涂的防火涂料从外观上看虽然并不像防火保护层，但当火灾发生钢骨温度达到250~300℃时，厚度1~3mm的发泡剂开始发泡，体积将膨胀25~50倍，开始发挥防火层的作用。

构件的耐火性能是由涂层厚度决定的。刷防火涂料时只喷一遍很难达到要求，施工时应特别注意。此外防火涂料耐候性较差，应进行定期检查和维修。

木质耐火结构 [15]

从抗震性和耐火性的观点出发，为了防止木结构建筑引发城市火灾，通过法规的形式对特殊用途和规模的单体木结构建筑进行了严格的限制和规定。但是，自2000年建筑基准法修订以来，使用木结构耐火建筑的可能性在不断增加。

木质构件在火源附近被引燃是不可避免的。但是如果在承重的木构件和表面装饰木材之间插入无机质不燃材料，那么当火灾发生时表面材料的碳化能够起到防火层作用。因此，出现了木材与木材、木材与钢材的组合结构。其中部分结构已经获得了耐火结构的认证。

维护管理的重要性

建筑物的安全性是由设计、施工、维护和使用这四个条件决定的。这四个条件并不是独立发挥作用，而是相互关联的。因此应将四个条件作为有机的层级系统进行整体规划[1]。也就是说，各构成要素是互补的，作为一个整体发挥着安全体系的作用。从这个观点出发就可以理解维护管理的重要性。

总结历次发生火灾的教训可以看出，发生火灾的原因一定与维护管理的不足有直接关系[2]。为了使预设的防灾措施在火灾时能够正常发挥作用，合理的维护管理是必需的。由于管理得当减小火灾危害的例子非常多[3]。

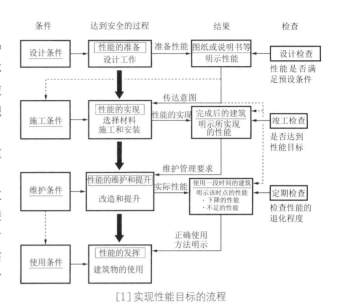

[1]实现性能目标的流程

防灾计划书的作用

虽然防灾管理和日常维护是建筑物防灾对策的重中之重，然而在实际中人们往往更重视建筑物平常的使用目的和功能运转等日常管理，对紧急情况时防灾功能是否能正常启动和对相关设施的维护管理往往被忽略。

一般情况下，建筑管理人并不具备建筑方面的相关知识。所以对于建筑物防灾计划的细节、防灾管理和维护管理的具体内容、重要的管理项目等，设计人与管理人应在事前充分磋商、在管理人充分理解的基础上进行设计。并且竣工后，设计人应编写防灾计划书或防灾使用手册并提交给管理人，向管理人准确传达设计意图，防止实际使用与设计意图不符。

案例	火灾概要		造成火灾蔓延的主要原因
	受损程度	死伤者	
金井大厦火灾 （1966 年 1 月 9 日）	耐火结构 地上 6 层 三、六层部分 过火面积 692m²	死亡 12 人 受伤 14 人	• 虽然设置了火灾自动报警系统，但由于接收信号的电源处于关闭状态，延长了火灾通知时间 • 共有 4 名各层消防管理人，由于相互之间没有联系，也未经过防灾训练和防灾教育，造成初期应急处置不利，也未组织疏散行动
熊本大洋百货火灾 （1973 年 11 月 29 日）	耐火结构 地上 9 层 二～九层部分 过火面积 12581m²	死亡 103 人 受伤 121 人	• 堆积在楼梯内的商品燃烧后，向上层快速蔓延 • 由于工程正在进行，自动火灾报警系统处于关闭状态，也未进行紧急播报

[2]因维护管理上的缺陷造成火灾的案例[1]

案例	火灾概要		减轻火灾危害的主要理由
	受损程度	死伤者	
热川大和馆火灾 （1969 年 11 月 19 日）	木结构 地上 4 层建筑 三层部分 过火面积 1983m²	死亡 1 人 受伤 14 人	• 虽然火灾发生在深夜，多数人都在睡觉，但是夜间巡视员及时发现了火灾，并采取了必要措施 • 火灾自动报警系统启动，在全楼发出警报通知火灾发生 • 工作人员进行了疏散引导 • 疏散设备齐全，在工作人员的引导下得到了正确使用
馆山市伊豆屋火灾 （1973 年 12 月 7 日）	耐火结构，局部木结构 地上 4 层建筑 一层部分 过火面积 2045m²	死亡 0 人 受伤 5 人	• 由于刚进行过疏散训练，所以没有引起混乱。工作人员通过火灾自动报警系统知道火灾发生后，有条不紊地进行疏散引导

[3]正常维护管理减小火灾危害的案例[1]

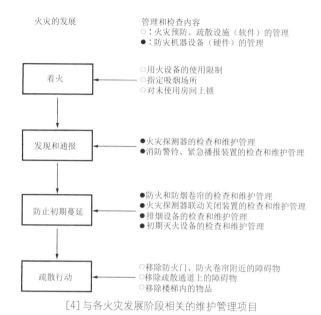

火灾的发展　管理和检查内容
　　　　　　○：火灾预防、疏散设施（软件）的管理
　　　　　　●：防灾机器设备（硬件）的管理

着火
　○用火设备的使用限制
　○指定吸烟场所
　○对未使用房间上锁

发现和通报
　●火灾探测器的检查和维护管理
　●消防警铃、紧急播报装置的检查和维护管理

防止初期蔓延
　●防火和防烟卷帘的检查和维护管理
　●火灾探测器联动关闭装置的检查和维护管理
　●排烟设备的检查和维护管理
　●初期灭火设备的检查和维护管理

疏散行动
　○移除防火门、防火卷帘附近的障碍物
　○移除疏散通道上的障碍物
　○移除楼梯内的物品

[4]与各火灾发展阶段相关的维护管理项目

局部变更项目
●类似用途相互之间的变更（建筑基准法施行令第137条9中的2） ●结构或防火上非主要构件隔墙的改动 ●开口位置和尺寸的变更 ●顶棚高度的变更 ●变更为有防火性能的材料或结构

[5]局部变更的例子

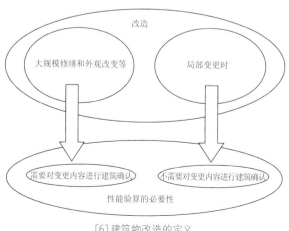

[6]建筑物改造的定义

火灾发展阶段与维护管理的内容 [4]

建筑的火灾安全性是指，在火灾发展过程中防灾设备都能够正常工作，即使某个设备出现故障也会有替代设备，达到延缓初期火灾蔓延、有序完成疏散的目的。

在硬件管理中，对火灾报警器进行例行检查和维护管理是非常重要的。现在防灾设备中的器具通过与探测器联动启动的很多，对之后的疏散行动影响很大。有时因为频繁误报而出现人为关闭自动火灾报警系统中警铃的情况。出现这种问题，不应放任不管，而是应该查找原因完善系统。

在软件管理方面，最重要的是移除防火门和卷帘门附近的障碍物，限制火灾的扩大范围，使人员疏散能够顺利进行。在商业设施中，经常出现卷帘下堆放收纳箱等问题，可以采取张贴醒目警示标识等措施杜绝这一现象的发生。

租户管理

在写字楼和商业设施中，租户变动是应急管理项目中重要的内容之一。设计人可在设计阶段，在与管理人认真磋商的基础上，以防灾任务书为基础制订出租房屋使用手册。

对建筑物进行改造时，如果是 [5] 中的局部变更，只要不涉及大规模的装修和外观改变，按照建筑基准法的规定是不需要提交申请的 [6]。但是管理人在这一过程中不应只考虑是否合法合规，更重要的是根据实际情况判断是否安全。此外进行改造时，必须保证图纸与工程的完成状态一致。如果有必要还应变更防灾计划书，以适应建筑的最新状态。这是之后的防灾管理中不可欠缺的。

参 考 文 献
1）防火年表改訂版，日本建築学会関東支部防火
　　専門研究委員会，2007.03.

3. 防灾计划在图纸上的表现形式

3.1
设计阶段和防灾计划

建筑设计和防灾设计 [1]

建筑防灾设计与周边建筑、规划用地的状态、建筑的用途和规模、平面形状等设计内容有密切的关系。如果在设计的各阶段没有进行认真的研究和考虑，后期将可能出现重大变更。

规划设计阶段

是确认建筑的占地条件、周边建筑与道路的状况，并在此基础上决定建筑体量和整体布置的阶段。在防灾上，是从建筑用途和设施布置上考虑核心区和疏散楼梯的布置，同时决定火灾时的疏散路线、消防车通道的位置。在这一阶段还应检查是否符合相关法规的规定（建筑基准法、消防法、各行政机构的条例等）。

初步设计阶段

是决定建筑平面、剖面、立面形状和设备、结构形式的阶段。防灾设计主要考虑防灾的基本原则，并将最合适的防灾措施融入建筑、设备和结构方案中。由于疏散计划很大程度上由平面布置决定，所以在这一阶段应对平面布置反复推敲。如果在扩初图纸中加入防灾计划书的内容，对后期设计顺利进行将会非常有效。

审批手续 [2]

建筑防火耐火和疏散设计有三种方法。采用性能化设计的方法 B 或方法 C，可以在保证必要安全性的基础上减少排烟设备和疏散设施以及防火保护层厚度，使设计更加灵活。但采用性能化防火设计对建筑的初步计划和造价影响很大，申请审批的时间也有很大差异。所以在设计的初期阶段应进行充分讨论。

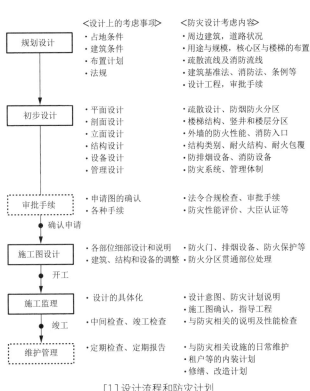

[1] 设计流程和防灾计划

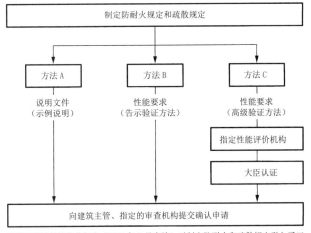

建筑基准法的性能化规定（2000年6月实施）对制定防耐火和疏散规定引入了三种设计方法。按照法规范中的规定进行设计为方法A，采用公告要求的验证方法进行设计为方法B，采用公告要求之外的高级验证方法进行设计并获得国土交通厅大臣认证的设计为方法C。设计人可自由选择其中任意一种方法。

[2] 防耐火和疏散的设计方法及流程

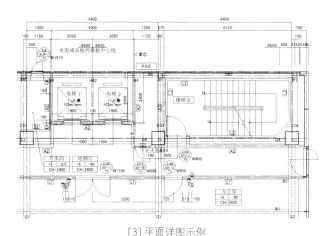

[3] 平面详图示例

[4] 构造详图示例

施工图设计阶段 [3][4]

这一阶段是将初步设计中确定的各种防灾措施的说明和性能、构造细部尺寸等在图纸中详细反映，其图纸深度应能够计算建筑造价和制定施工计划。

采用机械排烟时，除了设计排烟管道和排烟扇容量外，还应根据管道走向确定梁的穿孔位置并进行竖井的详细设计。

防火分区的设置有很多种方法，应在考虑建筑、设备、细部构造的基础上选择合理的方法。层间分区应与立面形式相统一，深入研究外装材料和结构主体之间的细部构造。

监理阶段

监理是对施工是否与建筑、结构、设备的图纸一致进行监督管理的阶段。由于建筑的品质和性能由施工质量决定，对施工人详细阐述并使其充分理解防灾对策的宗旨是非常重要的。此外还应特别注意施工中的设计变更。在确认设计变更是否对内装、排烟设备、防灾设备等产生影响的基础上指导施工。用途变更对可燃物数量和楼内人数的特征产生影响，应特别予以注意。竣工时应通过实验确认排烟设备等各种防灾设备是否能正常启动。

维护管理阶段

新宿歌舞伎明星大厦火灾事故再一次证明楼梯上搁置物品的危害性以及防灾意义上的维护管理的重要性（参照第 19 页）。日常维护管理是指建筑物的正确使用和管理。此外对防灾设备的定期检查和维护更新也是非常重要的。设计人应对房产所有人、防火管理人准确传达"可燃物的管理"、"保证疏散通道"[5]、"防灾设备的定期检查和管理方法"[6]等相关事项。将上述事项写入防灾计划书是非常有效的信息传递方式。

[5] 进入楼梯的通行障碍　　[6] 前室通风口的开启障碍

建筑用地内的疏散计划 [1]

从保证防火安全的角度出发，在建筑用地内应设置建筑通往室外的出口，以及从室外疏散楼梯快速通往道路或室外安全空间的疏散通道。另外为了从阳台逃生，还应保证向下的疏散通道。应尽量保证建筑红线内的疏散路线为最短，且不与消防通道交叉。当建筑用地不规整时，应避免室外的疏散通道穿过建筑内部。当场地狭小无法保证疏散通道时，应在平面上想办法。可设置面向道路的疏散口或使疏散楼梯与道路相接。应注意在这些疏散路线上不能堆积杂物或停放自行车等障碍物。

消防救援通道 [2]

为了火灾时的灭火救援行动，必须保证建筑场地周边道路和场地内道路上有消防车的停靠场所和消防梯的架梯位置。在面向道路的建筑外墙面上应设置可进入楼内的阳台或紧急入口，保证消防行动。

对于高度超过31m的建筑，由于消防队员从建筑外墙进入内部非常困难，应利用消防电梯进行高层的消防救援行动。由于消防活动是在消防中心确认火灾状况之后开始，布置紧急电梯和防灾中心时应考虑消防队的行动路线，应将防灾中心设置在消防队能够迅速到达的避难层（可直接通往地面）或避难层的上一层或下一层。

疏散楼梯的设置 [3]

避难层是指有直通地面出入口的楼层，原则上疏散楼梯和一般楼梯应能直接到达避难层。一般情况下以一层为避难层，但如果是坐落在斜坡上的建筑，有时避难楼层并非是一层而是其他层。

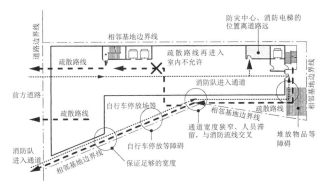

[1] 平面布置的主要内容

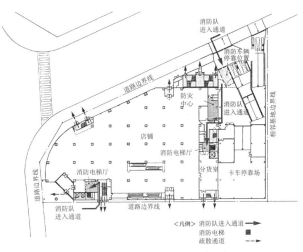

[2] 消防队进入路线和疏散路线示例

对坐落在斜坡上的建筑，可将与地面相接的层作为避难层。

[3] 避难层设计

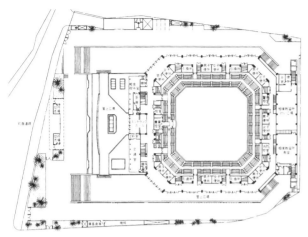

二层平面图（兼布置图）

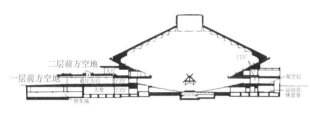

剖面图

新国技馆[1]（设计：鹿岛建设、杉山隆建筑设计事务所）

[4]大跨建筑物的前方空地及疏散口设计

大型建筑物的前方空地和室外出口 [4]

对于大型卖场设施、集会设施、表演场等，为了防止平时主要出入口附近的混乱并考虑到灾难时的人群疏散，宜在建筑前设置空场作为火灾时从建筑内部逃往道路的缓冲地带。为了防止疏散时发生混乱，在平面上应均匀布置出入口。

人工地面的有效利用 [5]

对于有车站的再开发项目，由于地面上有轨道，楼梯有时无法直接通往地面。对于这种用地条件，可以利用与建筑相接的人工地面作为疏散路线。从防火安全上考虑，用人工地面作为通往地面的疏散线路必须满足三个条件，即具有足够的面积可以容纳设计预设的疏散人数，具有足够的安全性，有通往地面的楼梯或坡道等。

参考文献

1）新·建筑防灾計画指針　建築防災計画实例图集，日本建築センター，1985.

2）性能規定化時代の防災計画，彰国社，2001.

3）新建築 2000 年 4 月号.

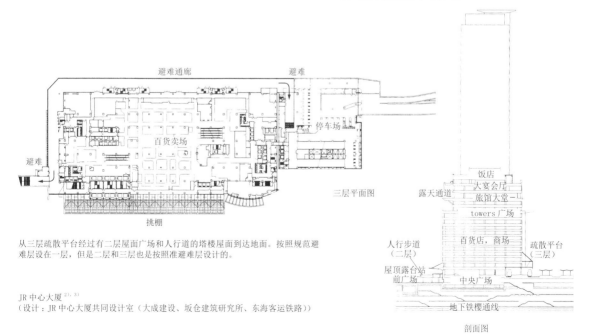

三层平面图

剖面图

从三层疏散平台经过有二层屋面广场和人行道的塔楼屋面到达地面。按照规范避难层设在一层，但是二层和三层也是按照准避难层设计的。

JR 中心大厦[2,3]
（设计：JR 中心大厦共同设计室（大成建设、坂仓建筑研究所、东海客运铁路））

[5]利用人工地面的疏散设计

核心区布置 [4]

在核心区内有楼梯和电梯的竖向交通路线，并集中了卫生间、管道井、电缆井道等功能。从建筑防灾安全上考虑，核心区的平面布置中，保证疏散方向和平面上安全空间是决定疏散设计的重要因素。核心区形式的种类很多，根据建筑的用途、规模和占地条件具有一定的规律性。

双向疏散原则

疏散通道原则上至少应设计成两个方向。除了有通往楼梯的双向通道外，对于起居室根据建筑的用途和规模也应考虑双向疏散。疏散通道应和平常的交通流线一致，以易于识别。可以根据人的心理特点将楼梯设置在较为明亮的位置。在核心区引入外部光线也有利于疏散行动。

双向疏散通道重叠距离的限制

当起居室中有隔墙而只有一个出入口时，在通往两部楼梯的线路上会发生重叠。对重叠距离的限制是决定平面规模的重要因素，应特别注意。

安全区设计

设计安全区的目的，是为了防止烟气妨碍疏散者的快速撤离，并防止烟气侵入疏散楼梯。通廊和前室等安全区的面积由疏散时的滞留人数决定。安全区的最小需要面积可以通过疏散计算进行验算（参照5.3）。

参考文献
1）新建筑 2001 年 11 月号.
2）新建筑 2003 年 10 月号.

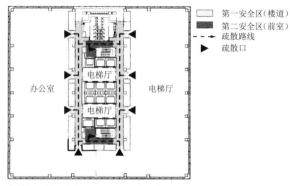

第一安全区（楼道）
第二安全区（前室）
疏散路线
疏散口

办公室　电梯厅　电梯厅　电梯厅

布置在平面中心的核心区可分隔成多个小房间（出租区划分）。本例中通过对前室出入口的精心设计，可不穿过竖向防火分区的电梯厅保证双向疏散通道。

[1] 中部核心区的设计示例（S=1：1000）
Sankei 大厦（设计：竹中工务店）

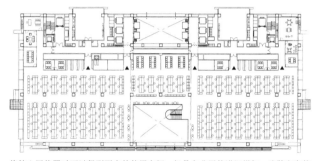

将核心区偏置时可以得到更大的使用空间，但是办公区的进深增加，疏散方向偏向一侧，而且由于对疏散路线的重复距离有限制，在平面布置上也有一定难度，需要特别注意。

[2] 偏置核心区的设计示例（S=1：1000）
佳能总部大楼[1]（设计：大林组，Richard Mayer）

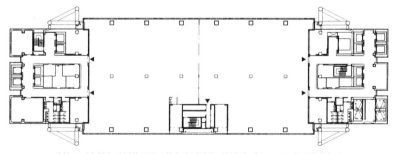

将核心区布置在平面的两端，使办公区域的两侧都有采光，且双向疏散的位置简单明了。另外，即使烟气侵入核心区也可以从另一个没有烟气的核心区疏散。本例中由于平面面积大，在平面的中部位置也布置了楼梯。

[3] 双核心区的设计示例（S=1：1000）
日本电视塔[2]（设计：三菱地产设计）

形式	主要用途（规模）	核心区布置	建筑及防灾上的特点
A 外通廊型 中部核心区	写字楼、旅馆 （1000～3000m²）		• 典型的大型超高层写字楼的平面形式 • 使用空间为整体空间，宽敞，可灵活布置 • 可在通廊设置多个出入口，划分小隔间的自由度高 • 采用大房间布局时，也可以取消核心区外侧的通廊
B 中部通廊型 中部核心区	写字楼 （1500～4500m²）		• 采用与形式A相同的大空间时，比形式A的空间使用率高 • 由于从核心区到办公区的出入口有限，如果采用小隔间办公布局还必须在核心区外周设置通廊，此时与形式A比较，空间使用效率会降低
C 正方形 中部核心区	写字楼、旅馆 （1500～3000m²）		• 可使建筑物的四个外立面相同 • 必须将核心区整合在一起 • 采用小隔间办公布局时必须在核心区外围设置通廊 • 建筑平面的规模小时，使用空间的进深较小 • 两部楼梯之间的距离有可能过近 • 在建筑内容易失去方向感
D 双核心区	写字楼 （1500m²左右）		• 采用大空间布局时，办公区可以两面采光 • 当面积不大于规定的面积限值（1000m²）时，可不划分防火分区，空间使用灵活性高 • 由于楼梯分开布置，双向疏散路线非常清晰 • 平面面积大时，有时也在中间设置楼梯
E 核心区偏置	写字楼 （800～3000m²）		• 取形式A的一半得到的平面形状，与形式A的特点相同 • 当平面面积大时，有些房间到楼梯的距离过长 • 疏散方向有向一侧集中的倾向 • 布置时应尽量避免楼梯之间的距离过近
F 分散核心区	商业店铺 （约2500m²以上）		• 采用大房间形式，空间灵活性高，常用于百货商店 • 只要楼梯不偏置，可以有多条疏散线路 • 根据占地条件不同，有些采用楼梯集中布置形式 • 有可能出现疏散流线和平常交通流线完全不同的情况
G 中间核心区	写字楼 医院 旅馆 （约3000m²以下）		• 将房间分隔成两部分，在每个房间的两侧分别设置楼梯 • 用通廊将3部楼梯连接成一条直线，这种平面布局用于医院和旅馆 • 保证各房间都有两条疏散路线 • 在医院用核心区划分防火分区，有时将其中一个分区作为临时疏散场所使用
H 楼梯型	集合住宅		• 各房间的独立性和私密性高 • 只有一条通往楼梯的疏散路线 • 需要采取在阳台上设置疏散口等措施 • 面向通廊的门为防火门 • 由于火灾时房间直接面对楼梯，烟气容易进入楼梯，有可能无法向上层疏散
I 单侧通廊型	集合住宅		• 各房间的独立性和私密性低 • 保证有两条疏散路线 • 需要采取在阳台上设置疏散口等措施 • 多采用外部通廊形式，通廊不容易受烟气污染
J 中空型	集合住宅 旅馆 写字楼		• 通过中庭易于确认上下层的状态 • 围绕中庭设置通廊 • 当中庭有屋盖时，应沿竖向划分防火分区 • 火灾时，中庭可能成为烟气扩散的通道

[4]核心区的布置形式及防灾上的特点

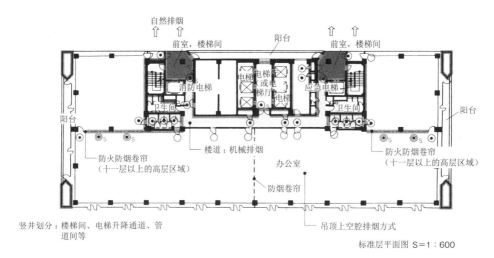

自然排烟

前室，楼梯间　　阳台　　前室，楼梯间

电梯 电梯
（或电
梯厅） 电梯
消防电梯　　　梯厅　　　应急电梯

卫生间　　　　　　　　　　　卫生间

阳台　　　　　　　　　　　　　　　　　　　阳台

防火防烟卷帘　　　楼道：机械排烟　　　防火防烟卷帘
（十一层以上的高层区域）　　　　　　（十一层以上的高层区域）

竖井划分：楼梯间、电梯升降通道、管　　　　办公室
道间等　　　　　　　　　　　　　　　防烟卷帘

吊顶上空腔排烟方式

标准层平面图 S=1：600

[5] 写字楼
（临时）东京生命枝大厦（设计：清水建设）

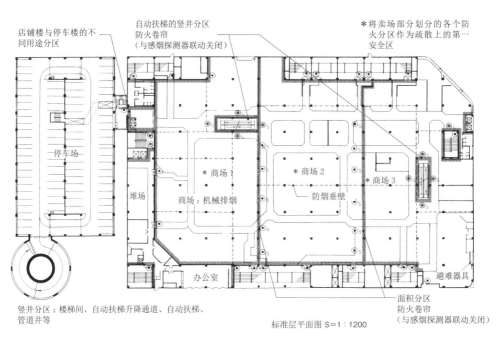

店铺楼与停车楼的不同用途分区　　　自动扶梯的竖井分区　　　＊将卖场部分划分的各个防火分区
　　　　　　　　　　　　　　防火卷帘　　　　　　　　　　作为疏散上的第一
　　　　　　　　　　（与感烟探测器联动关闭）　　　　　安全区

停车场

堆场　　　＊商场1　　　＊商场2　　　＊商场3

　　　　商场：机械排烟　　　防烟垂壁

办公室　　　　　　　　　　　　　　　　　　　避难器具

竖井分区：楼梯间、自动扶梯升降通道、自动扶梯、　　　　面积分区
管道井等　　　　　　　　　　　　　　　　　　　　防火卷帘
　　　　　　　　　标准层平面图 S=1：1200　　（与感烟探测器联动关闭）

[6] 商业店铺
稻毛海滨新城地区中心商业设施[1]（设计：鹿岛建设）

凡例
　　　　□ 第一安全区　　　　　　　■ 第二安全区
　　　　━ 防火分区（兼防烟分区）　⊙ 专用防火设备，平时关闭　　─ ⊙ ─ 防火卷帘（专用，感烟探测器）
　　　　━ 防火分区（隔墙）　　　　◉ 专用防火设备，与感烟探测器联动　─ ◎ ─ 防火、防烟卷帘（专用，感烟探测器）
　　　　----- 防火分区（垂壁）　　○ 防火设备，平时关闭

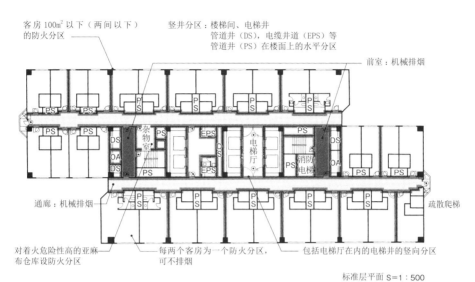

客房 100m² 以下（两间以下）的防火分区

竖井分区：楼梯间、电梯井
管道井（DS），电缆井道（EPS）等
管道井（PS）在楼面上的水平分区

前室：机械排烟

杂物室

电梯厅

消防电梯

通廊：机械排烟

疏散爬梯

对着火危险性高的亚麻布仓库设防火分区

每两个客房为一个防火分区，可不排烟

包括电梯厅在内的电梯井的竖向分区

标准层平面 S=1：500

[7]住宿设施
大阪全日空酒店、喜来登[1]（设计：日建设计）

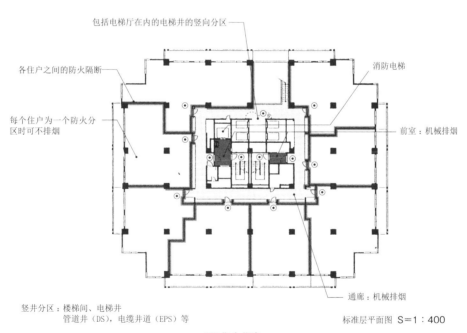

包括电梯厅在内的电梯井的竖向分区

各住户之间的防火隔断

消防电梯

每个住户为一个防火分区时可不排烟

前室：机械排烟

通廊：机械排烟

竖井分区：楼梯间、电梯井
管道井（DS），电缆井道（EPS）等

标准层平面图 S=1：400

[8]集合住宅
代官山 Adress[2]（设计：日本设计 +NTT Familities）

参考文献
1) 建築防災計画実例図集 1985 年版，日本建築センター.
2) 性能規定化時代の防災・安全計画，日本建築学会編，2001.

用途与剖面组成 [1]

建筑剖面设计不仅要考虑日常使用的便利性，更重要的是考虑紧急疏散时的安全性。

比如将众多人聚集的酒店宴会厅等设计在低层位置，不仅有利于日常人流动线的设计，而且有利于疏散计划设计。而很多设计把饭店布置在视野开阔的楼顶层，此时就必须考虑疏散安全问题，考虑众多人群聚集在少数楼梯时的情况，在楼梯前设置可临时等待的前室等作为缓冲地带。

屋面广场的有效利用 [2]

多功能综合楼建筑有很多种不同功能的组合形式。有些建筑在低层部分为办公和商业店铺，高层部分为旅馆客房或住宅。此时由于高层部分和低层部分的平面形状不同，有时在高层的收进部分、低层的屋面处设置露台或屋顶花园。该部分可作为高层部分的疏散路线或疏散场所发挥作用。

这种方法避免了高层部分住宅的疏散楼梯穿过低层大空间的办公用房，可同时保证高层和低层的疏散安全。

中间避难层

考虑到超高层建筑从楼内疏散到楼外需要较长时间，同时为了控制火灾在规模巨大的建筑空间内扩散，宜设置缓冲地带将建筑分成上下两个部分。

由此提出了设置中间避难层的方法。这样做可以使疏散人群直接从楼梯前往与外气相接的开放性广场等安全场所等待。如果在此期间火灾被扑灭也就没必要再向地面疏散[参考 4.1（1）]。

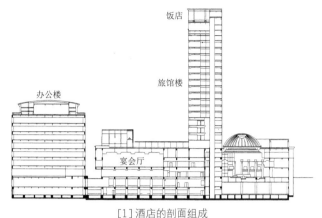

[1]酒店的剖面组成
新浦安布莱登酒店、Business Court[1] 新浦安（设计：日建设计）

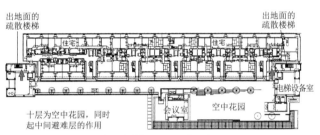

十层为空中花园，同时起中间避难层的作用

十层平面图（屋顶花园）

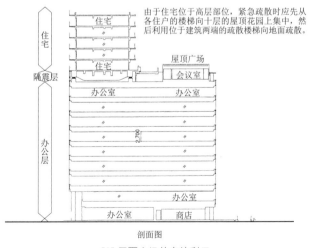

由于住宅位于高层部位，紧急疏散时应先从各住户的楼梯向十层的屋顶花园上集中，然后利用位于建筑两端的疏散楼梯向地面疏散。

剖面图
[2]屋面广场的有效利用
住友不动产饭田桥 FIRST 大厦、FIRST HILLS [2]（设计：日建设计）

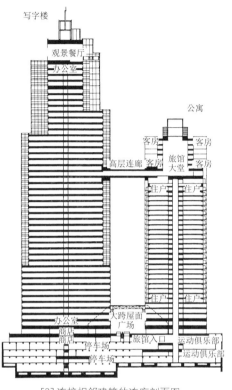

[3]连接相邻建筑的连廊剖面图
圣路加花园[3]（设计：日建设计）

（图中标注）写字楼、观景餐厅、办公室、公寓、客房、高层连廊、客房、旅馆大堂、客房、住户、住户、住户、住户、办公室、商店、商店、停车场、停车场、大跨屋面广场、旅馆入口、运动俱乐部、运动俱乐部

连接邻栋建筑的连廊 [3]

将高层建筑的上层连接，或者在中间层设置通往邻近建筑的廊桥作为紧急情况时向邻近建筑逃生的通道。但是如果相邻建筑的所有者不同，这种情况很难成立。对于公寓等建筑，有时在道路上方设置过街天桥。

紧急用直升机

在高层建筑中，对于消防梯无法到达的高度，或在楼外无法开展灭火救援等消防活动时，必须设置小面积防火分区、设置专用疏散楼梯、消防电梯和自动喷淋等，其防火措施比低层建筑更为严格。此外对于大型超高层建筑，为了便于开展消防救援活动，有时要求设置救援直升机停机坪或悬停区。

参 考 文 献
1）HOTEL FACILITIES：New Concepts in Architecture & Design，现代建筑集成/宿泊施設，1997.
2）日経アーキテクチャー，2000.6.12.
3）日経アーキテクチャー，1994.8.15.

■死亡 118 人的千日公寓楼火灾

1972 年千日公寓火灾事故中，在三层发生的火灾产生的烟气和有毒气体在着火 10 分钟后，通过没有完全分隔的管道井、电梯井及楼梯上升至七层，酿成未着火空间 118 人丧生的重大火灾事故（建筑防灾，1986 年 4 月刊）。

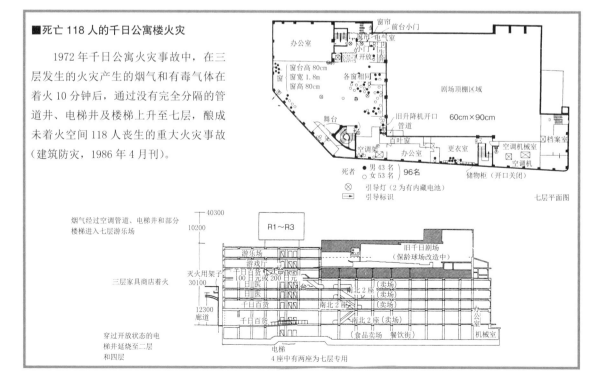

七层平面图

烟气经过空调管道、电梯井和部分楼梯进入七层游乐场

三层家具商店着火

穿过开放状态的电梯井延烧至二层和四层

窗户形状与火灾向上层蔓延的危险性 [1]

外墙上的窗户根据建筑的使用用途和使用便利性有各种各样的形式。

随着空调设备的普及和标准化，现在除住宅之外的高层建筑中的室外机一般多采用嵌入式。当窗户面积相对于外墙面积较小时，从窗户喷出的火焰向上层蔓延的可能性小。而当窗户较大时必须注意窗户上端到上层窗户下端的距离（参照1.8）

外立面与层间分区 [2]

建筑外墙的开口必须有防止火灾向上层蔓延的性能，即设计时应设置窗槛墙（层间分区）。虽然很多建筑的外立面全部由玻璃覆盖，看不出窗槛墙的元素，但实际上为了形成层间分区在构造上采取了很多措施。

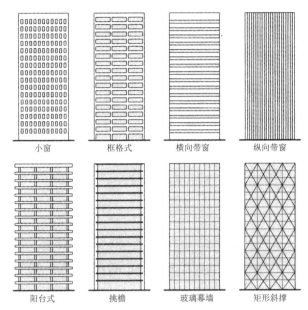

小窗　　框格式　　横向带窗　　纵向带窗

阳台式　　挑檐　　玻璃幕墙　　矩形斜撑

[1] 外立面的各种形式

[2] 外立面与层间分区的设计例

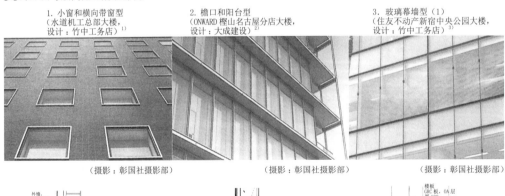

1. 小窗和横向带窗型
（水道机工总部大楼，
设计：竹中工务店）[1]

2. 檐口和阳台型
（ONWARD 樫山名古屋分店大楼，
设计：大成建设）[2]

3. 玻璃幕墙型（1）
（住友不动产新宿中央公园大楼，
设计：竹中工务店）[3]

（摄影：彰国社摄影部）　　（摄影：彰国社摄影部）　　（摄影：彰国社摄影部）

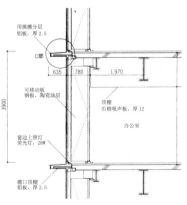

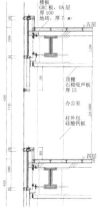

○ 局部参照剖面详图 [3]

耐火结构外墙，或在外装材料的基层上铺设耐火板。窗槛墙在外立面上有很强的表现力。

用突出外墙面的耐火结构的挑檐进行分隔形成层间分区。开口高度大，开放性好。

在玻璃幕墙内装耐火板形成层间分隔。防火板与楼板之间的缝隙用耐火材料封堵。

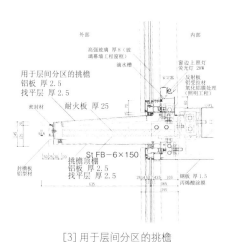

外部　　　　　　内部

高强玻璃 厚 8 (玻璃幕墙工程窗框)

用于层间分区的挑檐
铝板 厚 2.5
找平层 厚 2.5

密封材

耐火板 厚 25

窗边上照灯
荧光灯 28W
反射板
铝板受拉制
氧化铝膜处理
(照明工程)

滴水槽

St FB-6×150
挑檐顶棚
铝板 厚 2.5
找平层 厚 2.5

封檐
铝型材

钢板 厚 1.5
丙烯酸涂膜

[3] 用于层间分区的挑檐
剖面详图 S=1：20

窗槛墙设计 [3]

　　窗槛墙有很多种形式，设置的目的是利用耐火结构的窗槛墙防止火灾向上层蔓延。对于混凝土类板、金属板形成的幕墙，则用板材本身作为窗槛墙的组成部分使用。安装时应将窗槛墙固定在主体结构上，并应保证固定件在火灾热量作用下不发生损伤和脱落；板和楼板之间的缝隙应用石棉等耐火材料填充密实。如果对该部分处理不当，初期灭火一旦失败，火势蔓延至上层的危险性就会增加。此外火灾喷出的火焰随着开口尺寸的增加而变大，因此设计时应仔细研究窗槛墙的构造和尺寸。

参 考 文 献

1）ディテール 140，p.38，2）同誌 161，p.44，3）同誌 161，p.48，49，4）同誌 156，p.28，5）同誌 161，p.35，6）同誌 164，p.26，27

4. 玻璃幕墙（2）
（泉 GARDEN TOWER 设计：日建设计）[4]

〔摄影：彰国社摄影部〕

5. 双层幕墙（1）
（东芝车身开发中心 设计：清水建设）[5]

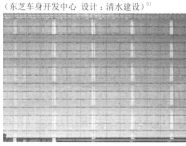

6. 双层幕墙（2）
（MABUCHI MOTOR 总部 设计：日本设计）[6]

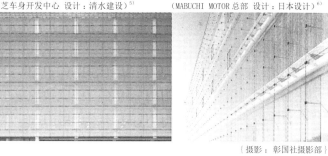

〔摄影：彰国社摄影部〕

填充石棉
玻璃肋金属连接件
SUS
玻璃肋
中空玻璃
空调送风口
防火卷帘
耐火封材
外墙玻璃
吸收热能绿膜
高强玻璃
栏杆
气密窗
AL 型材
无缝铝型材

带框隔板
AL 型材

热反射玻璃
防止光热灰尘
19 的涂层

铝板幕墙

办公室

矩形管龙骨

检修平台
伸缩缝

除落物防止钢板
采用换气电机的换气系统

MPG 工法玻璃幕墙
强化玻璃 厚 12
外侧 氧化钛涂层
内侧 贴防爆膜

维修空间

办公室

强化玻璃 厚 6

用耐火封条固定耐火板，减少玻璃幕墙的接缝，增加通透性。

采用双层中空玻璃有节能效果，内侧玻璃幕墙采用耐火板可形成层间分区。

在双层中空玻璃的内侧通过楼板外挑形成层间分区，展现出更加开放的外立面。

吊顶层的防灾设备 [1]

防灾设备一般根据建筑的使用用途和规模等条件选用。当建筑超过一定规模时，在吊顶面上会出现自动喷淋头、应急照明、疏散引导灯、探测器等消防设备，以及挡烟垂壁、排烟口、防火卷帘等建筑设备。设计时必须预留检修口用于后期维修检查。

办公楼的吊顶系统 [1]

对于办公楼层，为了适应使用过程中布局的变化，应采用更具有灵活性的设计，一般采用吊顶系统。吊顶系统是指在吊顶面上按照模数布置照明器具和空调送风口以及防灾设备。应考虑未来空间使用方法和租赁方法的变化确定跨度，并根据需要布置设备。

管道外露设计 [2]

当无吊顶管道外露时，由于顶棚高度高，增加了火灾时的蓄烟空间。制订排烟计划时可以利用这一特点。

由于各种设备均外露，应注意避免梁、悬挂的照明器具等在自动喷淋的喷头位置形成喷水障碍。另外天棚下的梁影响烟气和热气的流动，探测器应设置在不宜受其影响的位置。

商业店铺的吊顶设计 [3]

对商业店铺进行机械排烟设计时，由于每个防烟分区都需要设置排风口，吊顶中会出现水平排烟管道。由此吊顶内可能会出现排烟管道、主体结构和空调管道相互交叉的情况，所以必须合理确定吊顶的高度。另外由于防火卷帘上方的吊顶内设有卷帘盒，排烟管很难穿过。因此可以在每个防火分区内设计排烟和空调系统。

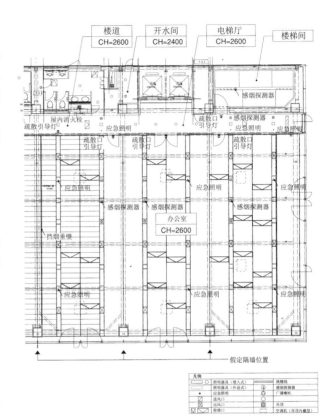

[1] 吊顶系统设计

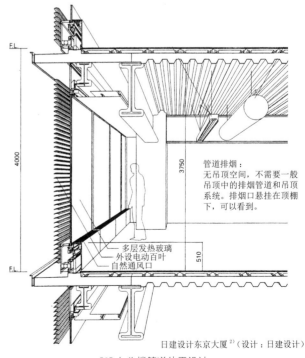

管道排烟：
无吊顶空间，不需要一般吊顶中的排烟管道和吊顶系统。排烟口悬挂在顶棚下，可以看到。

日建设计东京大厦 2)（设计：日建设计）

[2] 办公楼管道外露设计

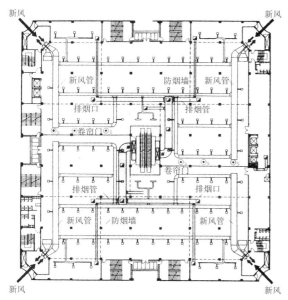

新风　　　　　　　　　　　　　　　　　　新风

新风管　　　　　　防烟墙　　新风管
排烟口　　　　　　　　排烟管
卷帘门
卷帘门
排烟管　　　　　　　　排烟口
新风管　　　　防烟墙　　新风管

新风　　　　　　　　　　　　　　　　　　新风

伊藤洋华堂大宫店[2]（设计：园堂建筑设计事务所）1：1000

[3]商业店铺的通风、排烟管道设计

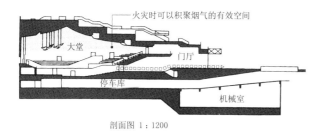

火灾时可以积聚烟气的有效空间
大堂
门厅
停车库
机械室

剖面图 1：1200

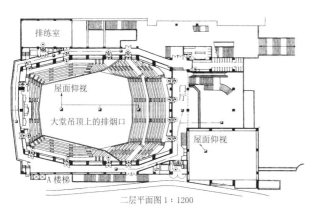

排练室
屋面仰视
门厅
大堂吊顶上的排烟口
屋面仰视
A楼梯

二层平面图 1：1200

三得利剧场（设计：URBAN SYSTEM，入江三宅设计事务所）

[4]剧场顶棚设计

挡烟垂壁

由于商业店铺中的房间比其他建筑用途的房间面积大，因此会设置很多挡烟垂壁。尤其是采用自然排烟时，挡烟垂壁的高度可能会很高。由于挡烟垂壁一般为玻璃制品，所以安装时必须考虑抗震性能，防止地震时坠落。

剧场的吊顶 [4][5]

在有大量观众的观众席上，为了防止火灾时发生混乱并争取更多的疏散时间，必须采取防止烟气下沉的防排烟措施。防排烟的具体措施有增加舞台和观众席上顶棚的高度以提高蓄烟效果的方法，在吊顶的顶部设置排烟口进行有效排烟的方法等。另外还有在吊顶顶棚上均匀设置条形缝，利用吊顶内的排烟口进行排烟的方法。这种方法既可以有效地利用吊顶内的空间积聚烟气，又可以使排烟口不外露达到美观的效果 [4]。

当防烟垂壁围挡的防烟分区面积不大于500m² 且满足一定条件时，可适当放宽要求。

参 考 文 献
1）JA／THE JAPAN ARCHITECT 2004 冬 Vol.2004 No.1（52）新建築社.
2）新・建築防災計画指針，建築防災計画実例図集，日本建築センター，1985.
3）新・建築防災計画指針 建築防災計画実例図集，日本建築センター，1985.

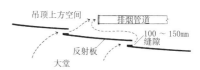

吊顶上方空间　　　　　排烟管道
100～150mm 缝隙
反射板
大堂

吊顶采用固定反射板块，满铺。每隔 4.5m 将反射板弯折，使其沿大厅全宽方向形成 100～150mm 的条缝。烟气通过条缝进入吊顶上方空间，然后统一排烟。

[5]大堂吊顶 PLENUM 方式 剖面图

自然排烟时消防电梯厅兼做前室 [1]

利用窗户的自然通风排出进入前室、电梯厅中烟气的方法。该例在前室入口的正面设置了自然排烟窗，是典型的用电梯厅兼做前室形成紧凑空间的案例。在楼梯间设计了竖向条状窗，可以引入室外自然光。

机械排烟时的专用疏散楼梯前室 [2]

设置排风扇，利用竖井引入与排出空气等量的室外空气进行排烟的自然换气方法。该例为高层集合住宅例。

该例在一层平面中设置了两部剪刀式楼梯（两重螺旋楼梯）。从防火上考虑各楼梯必须独立，所以对每部楼梯分别设置了前室。由于楼梯间内的各楼梯之间必须用防火墙隔开，所以采用混凝土楼梯。

其中有一部楼梯的前室兼做消防电梯厅，所以其送风竖井的面积也相应增加。

由于规范中规定消防电梯与其他电梯（小型电梯2台）不能共有电梯厅，该例中在电梯门前的位置设置了防火门以满足其规定。

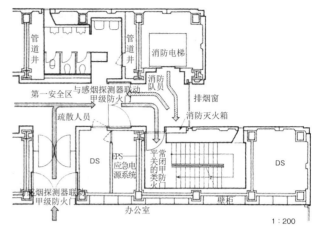

[1]自然排烟方法中的消防电梯厅兼做前室
东芝东京大厦[1]（设计：日建设计）

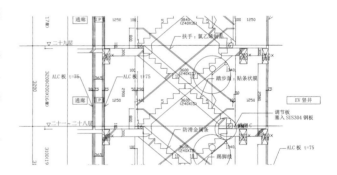

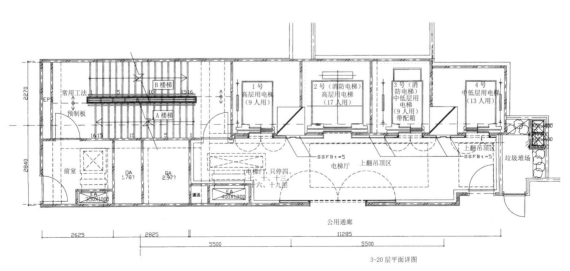

[2]机械排烟方法中的应急疏散楼梯前室
G公寓（设计：竹中工务店）

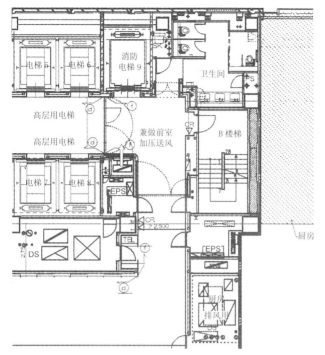

高层用电梯

高层用电梯

电梯5　电梯6　消防电梯9

卫生间

兼做前室加压送风

B楼梯

电梯7　电梯8

EPS

EPS

DS

厨房

厨房排风用

[3]加压防烟方法中的电梯厅兼做前室

加压防烟方法中的电梯厅兼做前室 [3]

该例采用了通过加压排出前室内烟气的方法。通过管道送风保证前室内的压力大于20Pa以上，以阻止通廊中的烟气侵入。前室内的压力过大会阻碍入口门的开启，因此为防止压力超过50Pa设置了泄压口。

兼做前室一般是指前室与电梯厅合并，平常为人流路线的一部分，火灾时防火门关闭形成防火分区。对于前室里侧的卫生间和管道井采用同样的方法处理。

加压排烟方法中的电梯厅兼做前室 [4]

该例通过加压送风将进入前室的烟气排出室外。在每一层设置了排烟路线。

参考文献

1）日本建築学会編：建築設計資料集成10，1983．

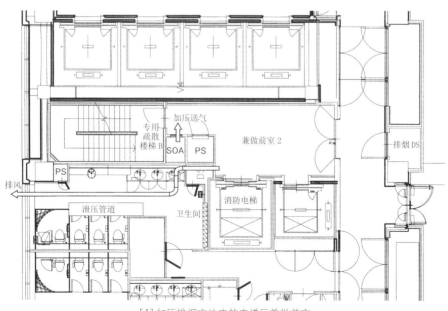

专用疏散楼梯B　加压送气

SOA　PS　兼做前室2　排烟DS

PS　排风　泄压管道　卫生间　消防电梯

[4]加压排烟方法中的电梯厅兼做前室

在较低楼层处设置剪刀式楼梯

采用剪刀式楼梯可以减少楼梯的使用面积，所以在需要多部楼梯的商业店铺中经常采用。用的最多的剪刀式楼梯平面布置如[1]中所示。此时为保证楼梯休息平台的净高，层高一般要求达到4.5m以上。

该例中建筑的层高为4.2m，无法实现常规的2跑楼梯形式。所以将楼梯分成4个梯段，使每个梯段的高度为层高的1/3（1.2m），实现了剪刀式楼梯的设计[2]。为了实现上下一层转3/4周，入口在偶数层和奇数层交互变化，形式上如同双重螺旋楼梯[3]。

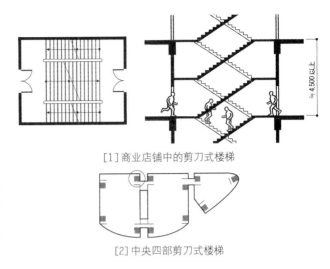

[1]商业店铺中的剪刀式楼梯

[2]中央四部剪刀式楼梯

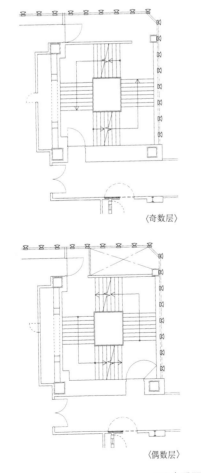

〈奇数层〉

〈偶数层〉

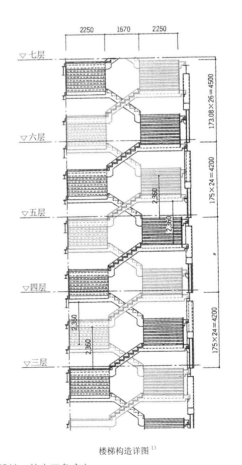

楼梯构造详图[1]

[3]有乐町中心大楼（设计：竹中工务店）

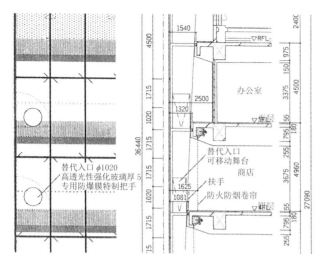

[4]火灾时消防队可用的替代入口
银座7栋大楼[2]（设计：大成建设）

替代入口 φ1020
高透光性强化玻璃厚5
专用防爆膜特制把手

办公室

替代入口
可移动舞台
商店
扶手
防火防烟卷帘

火灾时消防入口的构造 [4]

由于建筑面向道路一侧为中庭，直接设置消防用入口，可能发生消防队员坠落事故。于是该建筑采用了设置移动楼板的方法。该楼板与火灾时的感烟探测器联动，当接收到火灾信号时楼板开口自动封闭。

中庭中的应急入口 [5]

大型商业店铺的正面为约70m高的挑空空间，无法设置应急入口，因此设置了横跨中庭的空中坡道，可与消防入口对接。

除了将该坡道设计成大跨度的悬挂结构外，为了使其不影响视觉效果，还在坡道的两侧使用了不对天窗照明产生影响的玻璃隔断等。

对于在中庭等无楼板的挑空空间外墙上设置应急入口的问题，现行法规已放松了限制。所举实例是法规修订之前的例子。

参考文献
1) ディテール 93, 1987.
2) ディテール 158, 2003.

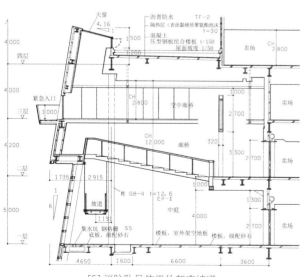

百货商店卖场

中庭
坡道
廊桥

紧急入口

[5]消防队员使用的架空坡道
PANJYO（设计：竹中工务店）

空中走廊

满布阳台设计 [1]

　　该商业店铺按照规范要求在建筑周边设计阳台，并巧妙地进行了遮挡处理。设计中采用的格调高雅的铝型材窗帘使人注意不到内部阳台的存在。在各个关键部位设置了消防队救援入口。

　　虽然该百货商店的疏散楼梯位于建筑平面的最内侧，但是由于在店内通往道路一侧各阳台的关键部位都设置了出口，所以可以通过阳台到达疏散楼梯。在该建筑内部从各个方向均可以进行疏散，是理想的平面布置形式。

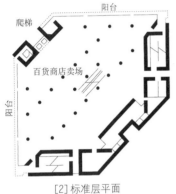

[2] 标准层平面

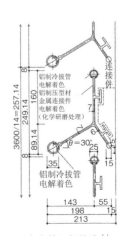

钢扶手 FP
女儿墙顶面
RFL（坡下）
扶手
不锈钢索
紧急入口
石棉成型板
（ASROCK）
铝压型型材
电解着色
进口花岗石
不锈钢 LE
公共走廊
道路边界线
青铜窗框硫化处理面层
进口化岗石
SGL

[1] 有阳台的百货商店
阪急河原町店[1]（日建设计）

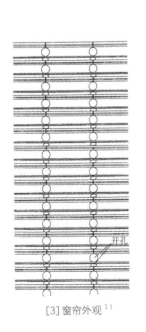

[3] 窗帘外观[1]

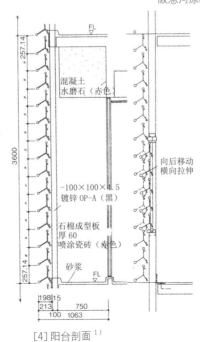

混凝土
水磨石（赤色）
向后移动
横向拉伸
−100×100×厚 5
镀锌 OP-A（黑）
石棉成型板
厚 60
喷涂瓷砖（赤色）
砂浆

[4] 阳台剖面[1]

铝制冷拔管
电解着色
铝压型型材
金属连接件
电解着色
（化学研磨处理）
连接件
θ=30°
铝制冷拔管
电解着色

[5] 窗帘的细部构造[1]

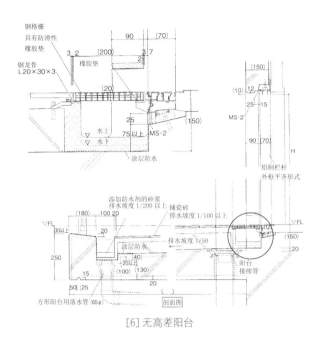

[6] 无高差阳台

[7] 标准层平面 [2]

无高差阳台 [6]

疏散路线经常需要穿过阳台。由于有排水的需要，一般设计中的阳台地面会低于室内房间。但是在医院或轮椅使用较多的设施中，由于阳台高差会造成疏散障碍，有时也会被取消。

疏散阳台上设置的楼梯形状的爬梯 [7][8]

由阳台疏散是最后的逃生手段，从阳台继续向外逃生的方法可以设竖直爬梯等。但为了提高建筑使用效率，很多建筑牺牲了这一便利的措施。该例中采用的是小型陡坡楼梯，而没有采用竖直爬梯。虽然设置楼梯使阳台面积增加、办公面积减少，但是楼梯比竖直爬梯更便于使用。

参 考 文 献
1）ディテール 52，1977.
2）日本建築学会编：建築設計資料集成10，1983.

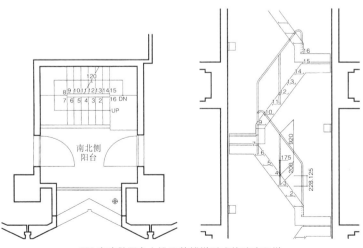

[8] 在疏散阳台上设置的楼梯形式的避难爬梯
新宿中心大楼（设计：大成建设）

室内可看到的消火栓箱 [1]

室内消火栓是供建筑管理人和建筑利用人使用的灭火设备，如果像一般消火栓那样收纳在箱子中，看不到其内部的样子，即使是重要设备也容易被人们忽略。本例中的消火栓箱采用了通透的玻璃构造，从外面可以清晰地看到里面的消火栓设备、灭火器、应急电话，以及用于救急的电击心脏起搏器AED、急救包、毛毯等。该消火栓设置在候机中央大厅的显著位置，新颖的设计彰显其存在感。

具有创意的自然排烟窗 [2]

由于自然排烟用的开口在建筑外立面上，因此进行建筑的外观和装修设计时必须考虑这一因素。该建筑在室内装修设计时，将排烟口设置在梁的里侧隐蔽起来；在外观设计时，通过将开口与立面平齐或内收使建筑立面产生了动感。

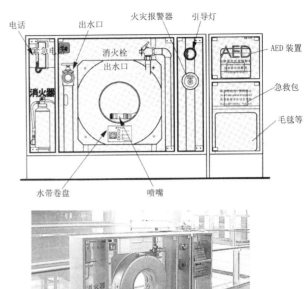

[1] 玻璃箱体的独立式消火栓
中部国际空港（设计：日建设计）

（摄影：小川泰祐）

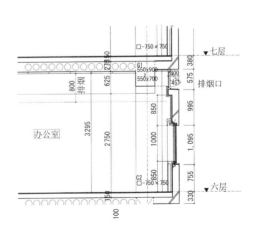

[2] 成为设计元素的自然排烟窗
OVAL 东京大楼（设计：竹中工务店）

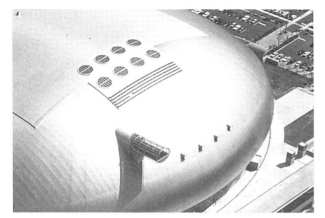

[3]排烟窗排列在屋面8个圆形天窗的下方
札幌穹顶（设计：原广司+￠工作室、布库工作室）

大空间的排烟设备

在超大型穹顶建筑中，即使发生火灾，烟层下降到危险高度也需要较长的时间。因此即使不进行排烟也可以实现安全撤离计划。在进行排烟设计时，为开展消防活动的排烟和为疏散安全的排烟应分别考虑。

该例子是在屋面顶部设置排烟口。该排烟口还可用于夏季和季节转换时的自然通风。开口由120块板拼装而成，与屋面的三维空间曲面相适应。

由于该建筑建造在寒冷地区，考虑到可能积雪采取了严格的堵漏措施，利用板材的隔热性能防止结露，考虑到可能漏水还设置了有落水管和接水器的吊顶。同时为了防止积雪，板材的铺设采用与屋面瓦片相同的搭接方法。开合装置采用电动形式。

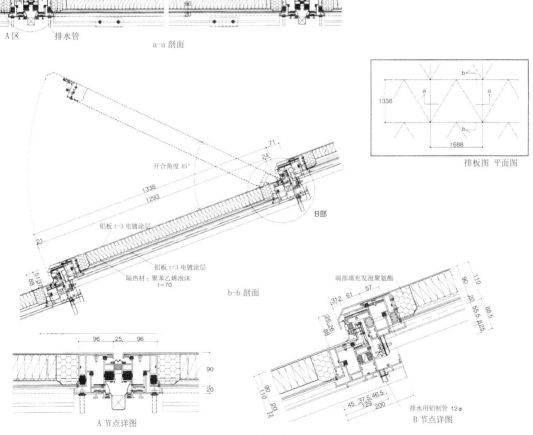

[4]札幌穹顶建筑的排烟设备

防火隔断的种类 [1]

对于竖向分隔空间的隔墙有各种各样的性能要求。房间的用途和目的不同，要求的性能也不同。隔墙的基本性能有耐火性、隔声性和抗震性。根据其基本性能，隔墙可分为一般隔墙、隔声隔墙、耐火隔墙和隔声耐火隔墙四种类型。

按照隔墙的材料和施工方法，隔墙墙板可分为混凝土和轻钢龙骨基层挂网水泥等湿作业工法墙，轻钢龙骨石膏板（LGS）和蒸压轻质混凝土（ALC 板）等干作业工法墙。隔墙除了应满足要求的基本性能外，为实现性能要求的施工性能及与周边构件的连接性能也是非常重要的。目前干作业工法已经成为主流工法。在这里介绍轻钢龙骨石膏板隔声耐火墙和采用 ALC 板的隔声耐火墙的例子。

以轻钢龙骨为基板的隔声耐火墙 [2]

以轻钢龙骨为基板的隔声耐火墙有很多种材料组合形式和不同的安装方法，获得认证的产品很多且种类齐全。

墙板产品本身即使能够保证要求的性能，但如果相邻墙板之间的细部构造处理不好，有时也无法发挥其性能。

墙板与周边构件的连接节点中，墙板下方与楼板的连接节点之间应留有一定的缝隙，以避免墙板底部吸收混凝土楼板的水分，同时还能调节施工的安装误差；墙板与楼板上方以及与柱子之间也应留用一定的缝隙，以适应地震时的层间变形和消化施工误差。这些缝隙如果仅用石棉填充，虽然可以保证耐火性能，但在隔声上有缺陷。所以除石棉外，还应用胶粘剂或无机质填充料等填充密实。

隔墙的细部构造，应由隔墙生产厂商、耐火保护厂商在考虑材料和施工方法的基础上，根据每个工程的特点调整后决定。

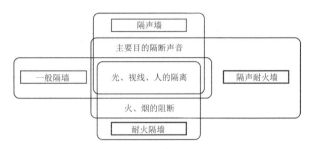

[1] 根据目的用途对隔墙的分类（竹中工务店资料）

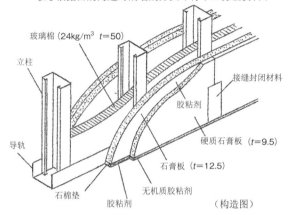

（构造图）

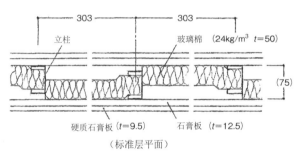

（标准层平面）

（与上下层混凝土楼板的连接构造（剖面））

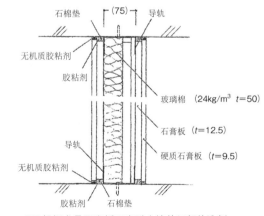

[2] 轻钢龙骨石膏板隔声耐火墙的细部构造例
（根据吉野石膏资料绘制）

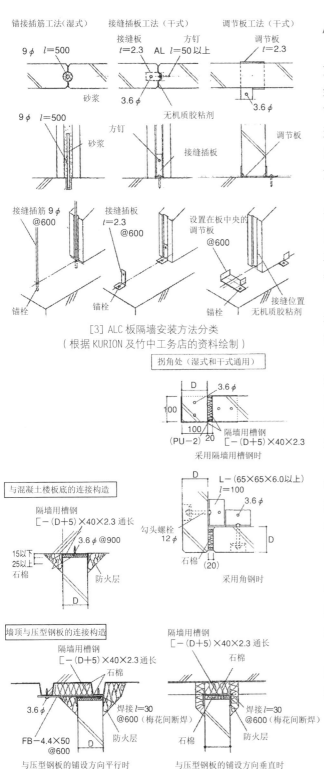

[3] ALC 板隔墙安装方法分类
（根据 KURION 及竹中工务店的资料绘制）

[4] ALC 板耐火墙的各种连接构造
（竹中工务店资料）

ALC 板耐火隔墙 [3][4]

ALC 板的安装分为干作业方法和湿作业方法。湿作业方法是指在板的中空部填充砂浆形成墙的施工方法；干作业方法本质上是节点连接方法，指直接用无机系胶粘剂连接形成墙的方法。这两种方法都采用墙的下边固定，墙的上边用金属连接件夹紧的可滑动方式，以适应地震时的层间位移。

ALC 板安装时，应在墙的阳角和阴角处设置约 20mm 宽的伸缩缝，以吸收不同方向墙的位移，避免板边损坏。ALC 板隔墙与外墙或柱子等其他部位的连接，以及与混凝土墙等不同材料构件的连接也应采用同样的方法。

ALC 板上方的间隙或伸缩缝用石棉填充，板上方的金属连接件也应用石棉包覆以保证耐火性能。

ALC 板与钢梁下皮的连接，由于刷防火涂层和 ALC 板的安装工程随着工程条件的不同而不同，根据施工顺序的不同其连接构造也不同。刷防火涂料时，应事先对梁下方的连接隔墙槽钢用的连接板采取保护措施。

在挑空空间，疏散楼梯用 ALC 原板或有喷涂饰面的板进行封闭，当沿竖向连续铺设时，应按照 ALC 外墙板的方法进行施工。在各层楼板位置应设置 20mm 宽的水平缝，以吸收层间位移。

当挑空大堂、联系楼梯等张贴轻钢龙骨石膏板作为基层饰面时，应将板固定在各层的楼板上，利用楼板端部的混凝土固定轻钢龙骨石膏板基板。

当电梯井采用相同的墙板安装方法时，应考虑竖井内部的加减压情况，在板下端与楼板的接缝处用填缝材密封，确保其气密性。

3.7 细部结构（6）
防火设备防火门

作为防火设备的开口

开口部位一般是对窗户和出入口的总称，具有阻断和通过两种相反的功能。对开口部要求具有人员、物品的出入功能，并根据需要要求具备光、视线、空气等通过的功能。

防火门的种类很多，根据不同的状况对防火门的性能要求不同。除了紧急情况时的疏散引导功能以外，还有平时为开放状态、紧急时闭锁的分区隔断功能，平时为关闭状态、紧急时开放的疏散和救援功能，以及为了开展消防活动在防火门下方设置连接水带的开口等。

门框上方有疏散引导灯的防火门 [1]

疏散引导灯一般设置在疏散路径的墙或吊顶上。该例在防火门的门框到吊顶之间的较大面积中嵌入了疏散引导灯，为了连接电线管道想尽了办法。由于疏散引导灯和门框为一体设计，使处理完的效果看上去非常简洁。

不改变墙厚，在平时开放门上设置门套的防火门 [2]

在轻钢龙骨石膏板隔墙上设置的平时开放防火门的门套部分，采用了获得认证的三层板结构，在不改变墙厚的基础上，确保了防火性能。

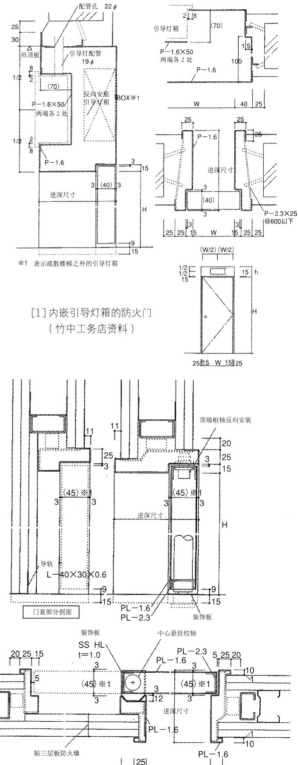

※1 表示疏散楼梯之外的引导灯箱

[1] 内嵌引导灯箱的防火门
（竹中工务店资料）

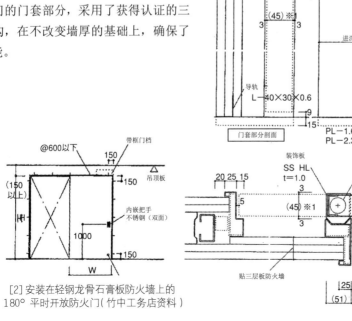

[2] 安装在轻钢龙骨石膏板防火墙上的
180° 平时开放防火门（竹中工务店资料）

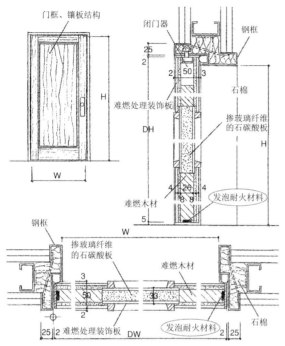

[3]木制防火门（专用防火设备）
（根据宫崎木材工业资料制作）

发挥天然木材优势的木质门 [3]

该例中采用的门充分发挥了木质门柔和温暖的特质，通过材料组合和加工工艺解决了木材易燃、容易出毛病的缺点，并获得了专用防火设备的认证。

这种门制品的芯材采用石碳酸泡沫，四周和表面的材料采用经过难燃处理的木材。其防火机理为温度升高时表面着火，燃烧后碳化形成对芯材的保护层。此外在门的四周缝隙中埋入的发泡性耐火材料遇高温时发泡会充满门和门框之间的缝隙，可阻断火焰。

考虑了抗震的玄关防火门 [4]

对于钢筋混凝土集合住宅等的入口大门，如果设计不当，会因为地震时的层间变形或周围墙的剪切破坏等原因无法开合，对疏散和逃生造成不利影响。

这里例举的抗震入口防火门的上框是双层结构，即使门框变形，通过内部的弹簧机构也可以吸收与门接触的变形。门下框与门之间的缝隙以及竖框与门之间的缝隙比一般门大，避免了门框变形时门与门框的接触。同时金属配件也采用了可适应变形的结构。

[4]抗震玄关门
（根据三和卷帘工业及竹中工务店资料制作）

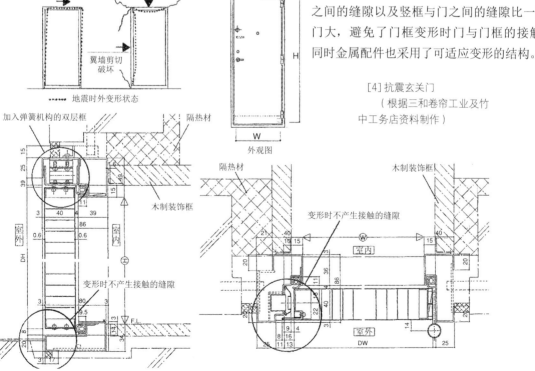

4. 各种用途建筑的防灾计划

4.1 超高层建筑（1）
超高层建筑的特征

在日本，高层建筑很少发生火灾事故。但是一些国家发生的火灾事故表明，高空疏散、防止火灾蔓延以及消防队救援路径等是高层建筑防灾设计中非常重要的课题。

防灾计划的一般原则

建筑内部的设备竖井和挑空空间、建筑外墙上的窗户等开口部位容易成为火灾向上层蔓延的路径。在高层建筑中阻断火灾蔓延路径尤其重要，设置自动喷淋设备是防止火灾延烧的有效方法之一。

人员疏散原则上采用楼梯，但利用电梯疏散的研究也有一定进展。此外也有在中间楼层设置疏散点 [1] 的例子。

建筑中的所有人员同时疏散会造成楼梯处人员拥堵，有时利用有限的几部楼梯疏散甚至需要几个小时。但是设置过多的楼梯也不现实。为了解决这一问题，美国的超高层建筑采用了优先疏散紧急楼层人员的"分阶段疏散"措施，并在建筑内设置被称为"笼城"供人们避难等待火灾扑灭或救援时的安全区。

以美国 2009 年 9 月同时多发的恐怖袭击事件为契机，有关楼梯无法利用时超高层建筑的逃生措施的研究报告 [2] 已经出炉。

防灾设备

由于楼梯的重要性，日本要求设置带有前室的具有双重保护作用的专用疏散楼梯 [参见 3.7(1)]。对于消防梯无法到达的高度，除设置消防电梯外，还应设置消防队专用栓、应急电源等消防设备。

参考文献

1）Jose Romano: Façade Emergency Exits Concept, Proceeding of the CIB-CTBUH International Conference on Tall Buildings, 2003.

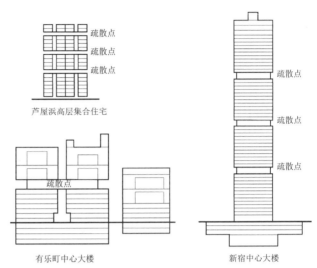

[1] 设置中间避难层的高层建筑

芦屋浜高层集合住宅

有乐町中心大楼　　　新宿中心大楼

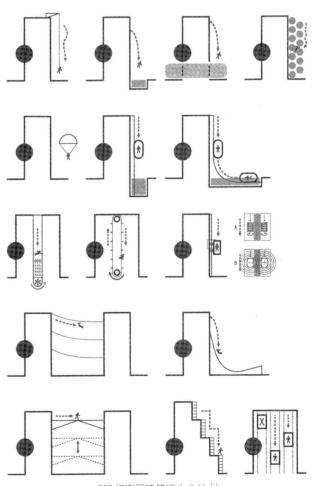

[2] 超高层建筑逃生方法[1]

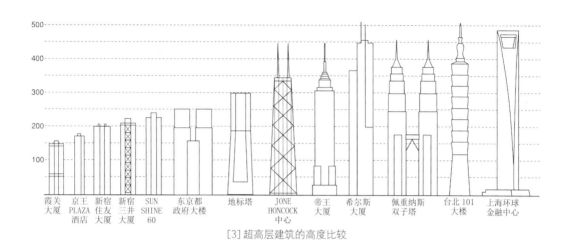

[3] 超高层建筑的高度比较

霞关 大厦	京王 PLAZA 酒店	新宿 住友 大厦

(图表标注：霞关大厦、京王PLAZA酒店、新宿住友大厦、新宿三井大厦、SUN SHINE 60、东京都政府大楼、地标塔、JONE HONCOCK中心、帝王大厦、希尔斯大厦、佩重纳斯双子塔、台北101大楼、上海环球金融中心)

发生火灾的十二层平面

※ 四十五层的逃生者下到三十一层寻找亲属
● 通过交谈掌握了疏散信息的疏散人员
○ 其他疏散人员
···▶ 利用楼梯疏散
┊ 利用电梯疏散
(注) 根据新闻和电视报道的信息推测并制作

■快捷酒店火灾

1988 年 5 月 4 日 22 点左右，该大楼的十二层发生火灾并向上蔓延，从十二到十五层全部被烧毁，十六层局部着火，直到第二天凌晨 1 点 30 分左右火灾才被扑灭。由于外立面未设窗槛墙等层间分区，火势沿建筑外墙逐层向上层蔓延。

建筑标准层平面的面积约为 2200㎡，基本上都为大空间房间，火灾发生在平面图的左下角区域。由于火源发生在大空间且可燃物多，无自动喷淋，所以火势迅速蔓延。在美国无自动喷淋系统的高层建筑很多，而该建筑此时正在主动进行增设自动喷淋的改造工程。

一名为了确认火情上到十二层的警员在电梯中遇难，是该事故中的唯一死者。由于火灾发生在深夜，所以滞留在楼内的人员大多数为清洁工等外国工人。

该事故除了表明设置层间分区［参见 2.5（2）和 3.5（2）］的重要性外，还从中发现了很多问。如建筑物中无自动喷淋的危险性、火灾时使用电梯的危险性、消防队员救援的困难，以及向有语言障碍的外国人传递信息和引导疏散的困难等。

（滨田信义：洛杉矶火灾建筑与防灾计划，建筑防灾，日本建筑防灾协会，1988 年）

核心区设计

超高层建筑的核心区设计不仅对提高建筑的使用效率和使用便利性非常重要，而且因为要决定楼梯布置，从疏散安全性方面考虑也是非常重要的。

日本最早的超高层建筑三井霞关大厦采用的是具有代表性的长方形核心区。这种形态适合于大型办公楼建筑，所以后来建造的新宿三井大厦、东京海上大楼等，一直到汐留城市中心均采用了这一形式[1]。

正方形核心区形式也是很早以前就有，从大阪国际大楼、世界贸易中心、东京歌剧院等到日本最高的横滨地标塔都采用了这一形式[2]。

长方形平面建筑中，核心区设在一侧的非对称布置的平面形式较多。采用这种形式的有大型建筑也有小型建筑[3]。将核心区设置在平面两端的双核心区形式和三核心区形式,办公区和中心区的划分非常明快、清晰,但在使用便利性上存在问题[4]。

由于建筑用地的形状限制，办公楼有时采用"L"形平面[5]，也有三角形平面[6]。随着建筑规模的增加，核心区也可以分散布置[7]。

参 考 文 献
1）新建築臨時増刊，2003-11.
2）日本建築学会編：建築設計資料集成8，丸善，1981.
3）～8）新建築
　3）1978-3，4）1973-4，5）1997-4，6）1970-6，7）1993-8，8）2001-11.
9）日経アーキテクチュア，2004-10-4.
10）新建築 2003-12.
11）建築文化 1982-12.
12）～14）新建築
　12）1991-5，13）2003-2，14）1972-4.

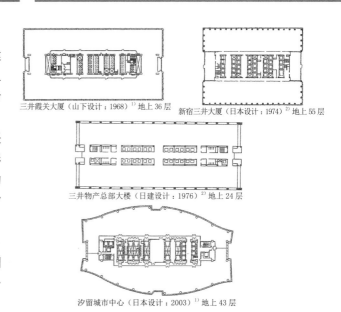

三井霞关大厦（山下设计：1968）[1] 地上36层

新宿三井大厦（日本设计：1974）[2] 地上55层

三井物产总部大楼（日建设计：1976）[2] 地上24层

汐留城市中心（日本设计：2003）[1] 地上43层

[1]长方形核心区

住友生命冈山大楼（日建设计：1977）[3] 地上21层

大阪国际大楼（竹中工务店：1973）[4] 地上32层

世界贸易中心大楼（日建设计：1970）[6] 地上40层

东京歌剧院（NTT FAMILITIES：1996）[5] 地上54层

30st. Mary Axe（诺曼·福斯特，2004）[9] 地上40层

横滨 landmark tower（三菱地产：1993）[7] 地上70层

六本木大厦 森大楼（森大楼，KPF：2003）[3] 地上43层

[2]正方形（圆形）核心区

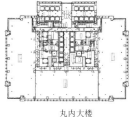

丸内大楼
（三菱地产：2002）[8] 地上 37 层

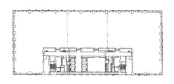

丸内托拉斯大厦 N 馆
（森托拉斯、安井建筑设计事务所：
2003）[10] 地上 19 层

饭田桥花园大厦
（日建设计，2003）[8] 地上 35 层

梅田 DT 大厦
（竹中工物店，2003）[8] 地上 27 层

财富大厦
（大成建设，2002）[13] 地上 38 层

[3] 核心区靠近一边的长方形平面

日本 IBM 总部大楼
（日建设计，1971）[14] 地上 22 层

新宿 OAK 大厦
（日本设计，2002）[1] 地上 38 层

[5] 办公楼 L 形平面布置

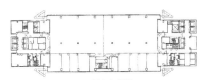

日本电视塔
（三菱地产，2003）[8] 地上 32 层

[4] 双核心区和三核心区平面

三和东京大楼
（日建设计，1973）[2] 地上 25 层

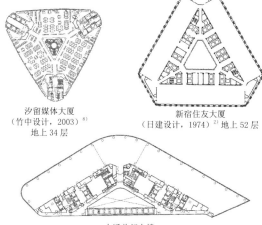

汐留媒体大厦
（竹中设计，2003）[8]
地上 34 层

新宿住友大厦
（日建设计，1974）[2] 地上 52 层

电通总部大楼
（大林组、让·努维尔、让·杰蒂，2002）[8] 地上 48 层

[6] 三角形核心区平面

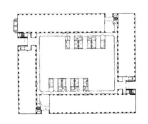

新宿 NS 大厦
（日建设计，1982）[11] 地上 30 层

东京都厅舍（丹下健三，1991）[12]
第一大楼，地上 48 层

[7] 核心区分散布置平面

办公楼发生火灾的次数和火灾时的伤亡人数较少。其原因是使用者基本为特定人群，这些人熟悉建筑的布局且基本在白天办公；楼内设置了吸烟区，通过推动烧水电气化对明火使用进行限制等。

防灾计划

从保证多条疏散路线的原则出发，应将疏散楼梯设置在疏散路径的两端且在平常使用时易于识别的位置。

排烟方式除了自然排烟和机械排烟外，还经常采用蓄烟方法。由于蓄烟方法本身不会排出烟气，必须采取通过设置防烟分区减缓烟气扩散，增加出入口以缩短疏散时间等替代排烟设备的措施。

办公楼的特点是经常变更平面布置以适应不同租户和组织变动的要求 [1][2]。

为了方便平面布局的变化，可以将探测器、防火喷淋、应急照明等防灾照明、空调设备等做成标准尺寸（模块化）[3]。

安全性与防灾

为了保证人员安全和信息安全，建筑管理日益严格，不仅要对进出人员进行管理，而且有对各层、各区、各室进行上锁管理的趋势。

从安全的角度考虑，限制出入口便于管理，但从防灾的角度考虑有多个出入口便于疏散。特别是平面上房间连续布置时不容易及时发现火灾，为保证双向疏散应考虑应急解锁方法。

性能设计的必要性

为了满足建筑所有者及租用者对空间的舒适性和象征性的要求，设计时采用了挑空空间、纤细柱和隔震结构等。这些新技术和大空间在防灾意义上有脆弱的一面，但可通过性能化设计使其实现。

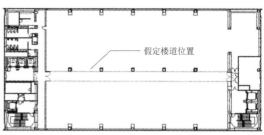

两端的核心区中集中了公共部分，保证了主要功能部分的宽敞性。当对房间进行分隔时，为保证双向疏散，可设置中间通廊

为了小房间分隔时可满足常规排烟，采用在顶棚划分区格的排烟方法。通过性能化设计，扩大了防烟分区面积。

[1] 采用大房间布局时

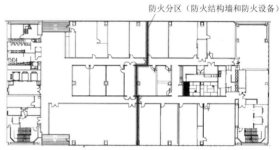

防火分区（防火结构墙和防火设备）

这是有多间小教室并排布置的文化中心设施，考虑到发生火灾时不能及时发现延误疏散的情况，有意识地限制防火分区面积，确保滞留空间，通过防火分区把主要功能区划分成两个部分。

[2] 采用独立小房间布局的出租房例

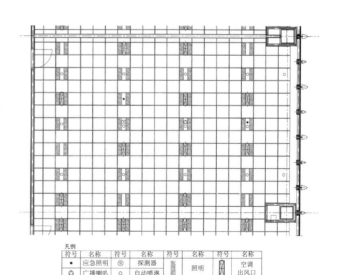

符号	名称	符号	名称	符号	名称	符号	名称
●	应急照明	⊙	探测器		照明		空调出风口
◎	广播喇叭	○	自动喷淋				

[3] 吊顶俯视图

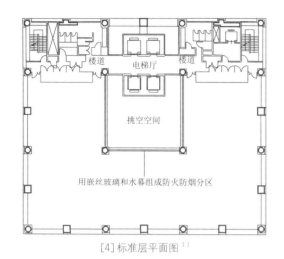

[4]标准层平面图[1]

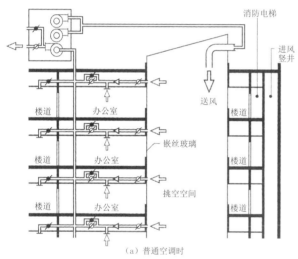

（a）普通空调时

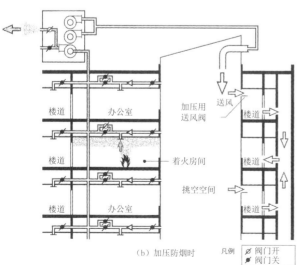

（b）加压防烟时　　凡例 ⧄ 阀门开　⬛ 阀门关

[5]全楼加压防烟系统概要[1]

办公空间中央有中厅的办公楼

该例的办公区和挑空空间的分区明确，适合采用全楼加压防烟系统。在防止火灾延烧、确保疏散安全的同时，通过设置中厅保证了办公区具有适度的进深和两面采光，创造出了舒适的办公环境。

在平面中央设置从一层通到顶部的挑空空间，利用供给初次处理新鲜空气的巨大管道井，提高办公区的舒适度并发挥冷气空调的作用。

该挑空空间被巧妙地作为火灾时提供新鲜空气的管道使用。挑空空间与办公区之间的分隔未采用防火防烟卷帘，而是采用嵌丝玻璃和水幕。同时利用挑空空间送风给未着火层加压并间接给竖井（供风竖井、电梯井、楼梯间等）加压，不仅阻止烟传播路径的形成，而且可以给火灾层的廊道加压。空间压力沿着疏散路径逐渐增加。

建筑名称 京桥清水大楼
规划地区 中央区京桥
建筑用途 办公楼
设计单位 清水建设
建筑层数 地下2层，地上14层
建筑面积 15803m²

参 考 文 献

1）広田正之ほか：建築設備と配管工事，Vol.33，No.10，1995.

（c）挑空空间

纤细柱和通透的外墙立面

为了能尽情享受城市中心的绿色环境和欣赏城市大道，该例中，在建筑外周采用非常纤细的柱子以得到最开阔的视野和开放的感觉。

为了得到纤细柱，除了减少柱子之间的距离外，还需要利用耐火性能验证法尽量减小防火层的厚度。按照规范，一至八层建筑的防火层的耐火极限为 2 小时。该例通过耐火性能验算，八层以下柱子的耐火极限采用与九层以上相同的 1 小时，并通过使用防火涂料使柱子的外径只有 190mm。

设计时考虑到火灾时高温可能造成构件的结构性能下降，通过温度分析对周边构件和火灾层的结构稳定性进行了验算。此外，位于核心区的钢管混凝土未采取防火保护措施。

建筑名称 KOUTSUKI CAPITAL WEST
规划地区 大阪市北区曾根崎
建筑用途 办公楼
设计单位 日建设计
建筑层数 地上 13 层，地下 1 层
建筑面积 4865.33m²

[1]建筑外观与内景（摄影：石黑守）

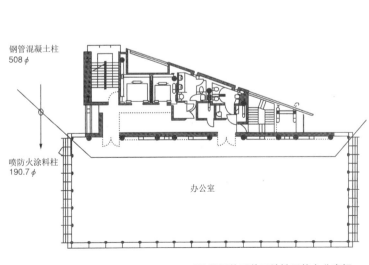

钢管混凝土柱
508 φ

喷防火涂料柱
190.7 φ

办公室

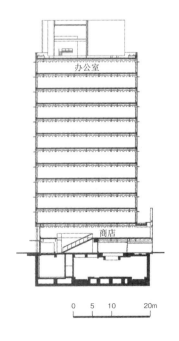

办公室

商店

0 5 10 20m

[2]易于使用的开放性无柱办公空间

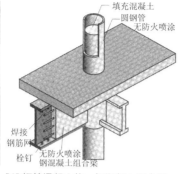

[3] 用耐火玻璃分隔的楼梯 [4] 钢管混凝土柱，钢混凝土组合梁
样式图

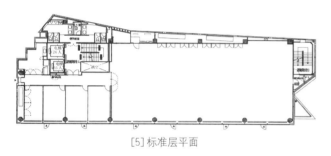

[5] 标准层平面

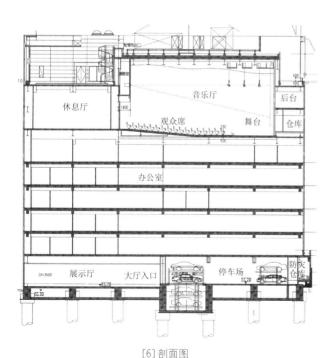

[6] 剖面图

利用高顶棚的排烟设备和耐火保护

该建筑是作为公司总部大楼设计的综合楼，在高层区有一个音乐厅。该建筑实现了利用办公区和前室蓄烟，玻璃隔断的楼梯间，以及无防火层的结构。

标准层由办公室和 4 个会议室组成。由于办公区利用楼板面和钢混凝土组合梁［参见 2.7 (2)］面直接作为装饰面，其顶棚的高度高于一般的办公室（约 3.1m）。另外由于办公区中的办公人员少，可缩短办公区内的停留时间。基于以上理由，采用了顶棚高度蓄烟方法。

通过在所有的房间中设置具有隔烟功能的防火设备、减少从房间流入过道、楼梯前室的烟量，延长各层人员和全楼人员疏散需要的极限时间，确保了各层的疏散安全性和全楼的疏散安全性。

此外音乐厅属于集会设施，按照规范规定从音乐厅到地面至少需要一部以上的专用疏散楼梯。由于本建筑的占地形状不规则，在要求保证每层办公面积最大化的初期平面计划中，设置专用疏散楼梯的前室以及排烟送风用的竖井非常困难。所以只能保证排烟设备以外的疏散安全性能，并通过疏散安全验算得以实现。

面对电梯的疏散楼梯的分隔墙采用具有隔热性能的玻璃墙，既保证了视觉效果上的空间连续性，又保证了楼梯的安全性 [3]。

通过在钢管混凝土柱的钢管内部、钢混凝土组合梁的 H 型钢的侧面填充混凝土，增加了构件的热容量 [4]。这样，即使结构暴露在火灾中钢材温度也很难上升，抑制了承载力的下降。该结构已经通过耐火试验验证了其具有必要的耐火性能并，获得了官方认定。

建筑名称 白寿总部大楼
规划地区 东京都涩谷区富谷
建筑用途 办公楼，音乐厅、展示厅
设计单位 竹中工务店
建筑层数 地上 9 层
建筑面积 5357m²
建筑结构 钢管混凝土柱，钢混凝土组合梁

每两层设置一个挑空空间

该建筑为公司自用的总部大楼，采取对两层挑空空间进行竖向分区的措施，并通过疏散安全性能化设计取消了办公室的排烟和楼梯间的防火构造。

每两层设置一个挑空是为了增加两层办公人员的交流机会。通过设置专用防火设备和防火构造的隔墙延长烟气从办公室流入走廊的时间，并且通过让流出的烟气积聚在挑空周边的吊顶板的上方，延长烟气流入挑空和疏散楼梯的时间。通过以上措施，实现了办公区流入挑空空间的烟气下沉到危险程度之前所有人从办公区疏散的目标。

由于办公室采用的是高顶棚，通过验算证实即使不进行排烟也能保证安全。并且不需要对电梯井划分竖向分区以及对疏散楼梯划分防火分区。

建筑名称 亚速旺株式会社本部大楼
规划地区 大阪市西区江户掘
建筑用途 办公楼
设计单位 竹中工务店
建筑层数 地下1层，地上8层
建筑面积 5303m²
建筑结构 钢结构，混凝土结构，钢骨混凝土结构（免振结构）

[1]外观　　　　　　[2]挑空部分

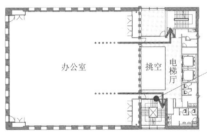

[3]标准层平面（S=1：600）

楼梯间的分区没有采用实墙，而是采用具有挡烟性能的玻璃幕墙，增加了挑空的开放性。

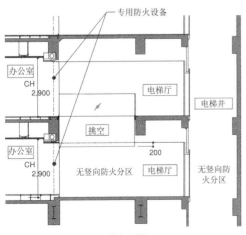

[4]挑空剖面图

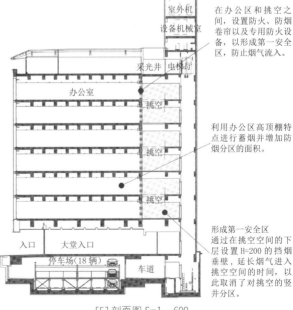

[5]剖面图 S=1：600

在办公区和挑空之间，设置防火、防烟卷帘以及专用防火设备，以形成第一安全区，防止烟气流入。

利用办公区高顶棚特点进行蓄烟并增加防烟分区的面积。

形成第一安全区
通过在挑空空间的下层设置H=200的挡烟垂壁，延长烟气进入挑空空间的时间，以此取消了对挑空的竖井分区。

[6]建筑外观（右侧为挑空部分）　　　[7]挑空及电梯厅

挑空周边不设防火分隔

　　这是用疏散安全性能化设计对整栋楼进行验算，尽量减少挑空周边竖向分区和电梯门防烟分区的例子。

　　建筑物南侧核心区由两座电梯、挑空空间、楼梯间和电梯厅组成。西侧的电梯厅为开放型，与挑空空间成为一体。在电梯厅和挑空之间只设置了玻璃材料的挡烟垂壁。

　　在办公区的开口处设置了具有挡烟性能的防火设备，可以减少从着火室外流的烟量，为了防止烟流入挑空空间，还可以把电梯厅作为临时蓄烟空间使用。

建筑名称　COSMICS II
规划地区　新潟县新潟市
建筑用途　办公楼
设计单位　大林组
建筑层数　地上 7 层
建筑面积　5113m²
建筑结构　钢结构

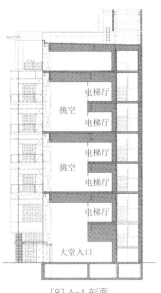

[8] A—A 剖面

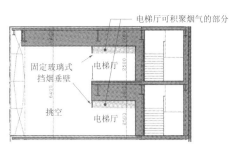

[9]挑空部分剖面详图

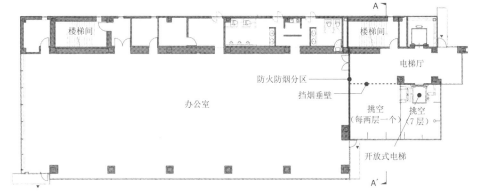

[10]平面图（四层、六层）

用防火卷帘分隔的以两层为单位的挑空空间

该例中，为了保证办公空间的开放性，在平面的中央设置了称为办公花园的2层挑空空间。用防火卷帘划分防火分区，用加压防排烟系统对挑空空间进行烟气控制。为了提高核心区的使用效率，消防电梯和服务用电梯共用一个电梯厅。

加压防排烟系统采用同时给专用疏散楼梯的前室和楼梯间加压的双重系统。同时为了提升该系统的稳定性，在一层和二十三层设备层通往楼梯间的位置设门，将楼梯间分成上中下三段，以防止烟囱效应产生过大的压差。

对办公楼层的每两层同时加压，送风从楼梯间之外的4个前室和2个电梯厅同时进行。对防火分隔使用的防火卷帘是否会因加压送风发生坠落进行了确认。

建筑名称 汐留大厦
规划地区 东京都港区
建筑用途 办公楼，旅馆
设计单位 鹿岛建设
建筑层数 地下4层，地上38层
建筑面积 80582m²
建筑结构 钢结构，钢骨混凝土结构

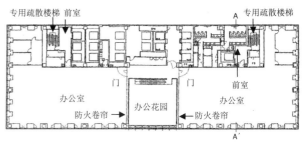

[1] 标准层平面

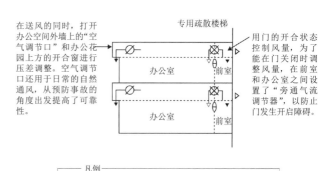

在送风的同时，打开办公空间外墙上的"空气调节口"和办公花园上方的开合窗进行压差调整。空气调节口还用于日常的自然通风，从预防事故的角度出发提高了可靠性。

凡例
◁ 楼梯间加压　⊗← 旁通气流调节器（前室～办公室）
◀ 前室加压　　θ 前室门限位开关
◁⊗ 空气调节口（外墙）　◁ 电梯厅微加压

用门的开合状态控制风量，为了能在门关闭时调整风量，在前室和办公室之间设置了"旁通气流调节器"，以防止门发生开启障碍。

[2] A-A' 剖面概念图2

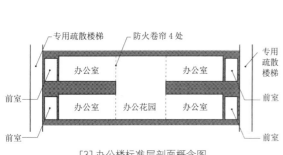

[3] 办公楼标准层剖面概念图

[4] 建筑外观

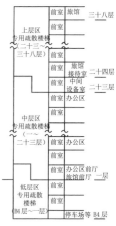

[5] 建筑用途及分区

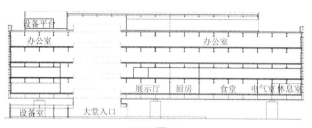

[6]剖面图

办公室　　　　　　　　办公室

展示厅　厨房　食堂　电气室休息室

设备室　　大堂入口

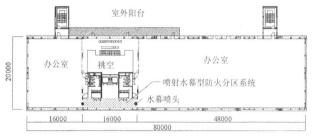

室外阳台

办公室　　　挑空　　　办公室

喷射水幕型防火分区系统

水幕喷头

20000

16000　16000　48000

80000

[7]标准层平面图（四层、五层）

● 初期火灾时的火灾进程监控系统

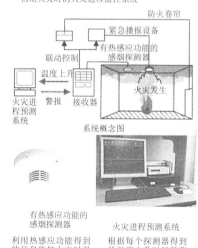

防火卷帘

紧急播报设备

有热感应功能的
感烟探测器

联动控制

温度上升

火灾发生

火灾进
程预测
系统

警报　接收器

系统概念图

有热感应功能的
感烟探测器

火灾进程预测系统

利用热感应功能得到
的信息监控火灾时温
度的上升时间

根据每个探测器得到
的温度上升情况预测
火灾的蔓延情况

[8]火灾现象管理型防灾系统（疏散安全）

· 根据火灾时结构的整体安全性进行合理的耐火设计

无耐火保护层
（外周墙柱，免振装置的一部分）

喷防火喷涂
（斜撑的一部分）

对于其他部分，按照火灾持续时间确定防火涂料

钢骨架的组成

无防
火保
护层
的外
墙柱

无防火
涂料
（斜撑）

围绕电梯厅的
外周钢骨架

[9]对结构整体进行耐火设计（结构耐火）

通过采用适应火灾进程的防火措施提升使
用阶段的自由度

　　该例是设有挑空空间的中等规模的办公
楼。设计时积极引起新的防耐火技术，未设
置排烟设备，而是有效利用吊顶板上部空间
蓄烟，提高了平面上布局变化的自由度，减
少了耐火深层的使用量。

　　为了实现疏散安全、防止火灾蔓延、结
构耐火等各种防火安全目标，采用了以下自
主开发的各项技术。

　　①火灾现象管理型防灾系统

　　对初期阶段时的火灾进程进行实时监
控，根据火灾的进展状况控制紧急播报设备
和竖井防火门等防火设备，确保紧急时的疏
散安全。

　　②喷射水幕型防火分区系统

　　在电梯厅两端的开口位置各设置1组水幕
喷头，通过水幕与空间的组合防止火灾延烧。

　　③结构整体的耐火设计技术

　　本建筑结构形式为巨型框架结构。考虑
到这一特征，没有采用常规的以构件为单位
的耐火设计，而是通过对结构整体进行空间
弹塑性热应力变形分析验算结构整体的安全
性，再根据分析结果，对钢结构柱和免振装
置采取合理的耐火保护措施。

建筑名称　清水建设技术研究所本部
规划地区　东京都江东区
建筑用途　办公楼
设计单位　清水建设
建筑层数　地上6层
建筑面积　9461m²
建筑结构　钢结构，局部混凝土结构

参考文献

1）广田正之ほか：清水建设技术研究所新本馆の
　　防耐火技术，火灾，Vol. 267, 2003.

不管是公共住宅还是独立住宅，住宅着火的次数和死亡人数都明显高于其他用途的建筑[1]（参见2.2）。住宅中，不仅平时在厨房中以及抽烟等使用明火，家具、衣服、杂货等可燃生活用品也很多。另外由于睡眠或饮酒等原因，容易出现不能及时发现火灾造成疏散延误的现象。此外，住宅中高龄者和幼儿等灾难中的弱势群体也不少。在对明火和可燃物的管理上，由于集合住宅的楼梯等公共部分通常委托第三方管理，容易形成管理上的死角。在办公用途等建筑中，一般而言，越是大型建筑管理越严，单位面积的着火次数反而有减少倾向[2]，但这不适用于住宅。

提高初期灭火性能

由于住宅火灾发生率高，灾害时弱势人群也多，建议设置初期火灾控制效果明显的自动喷淋系统。有时也采用住宅用简易型水管直接连接入室的方法。

防止火势蔓延

公共住宅着火时，原则上应将火灾控制在单元户内，防止向其他场所蔓延。对于超高层住宅也是一样，最重要的是防止向上层的延烧。要做到这一点，最有效的方法是设置阳台。但因建筑外观要求或在多雪地区无法设置阳台时，应采取增加窗槛墙高度或设置自动喷淋等控制火灾规模、防止火灾延烧的必要措施（参见第3章）。

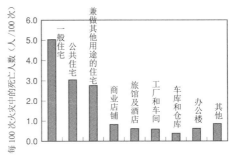

[1]按照建筑用途统计的火灾死亡率（纵火自杀者除外）[1]

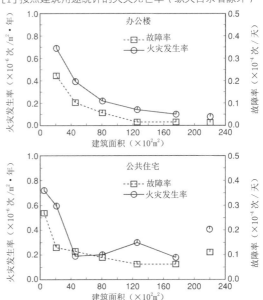

办公楼的规模越大管理水平越高，因此故障率和火灾发生率减少。公共住宅的规模越大总户数增加，因为无法使每户管理水平提高，所以故障率和火灾发生率基本持平。

[2]火灾发生率和应急照明器具的故障率[2]

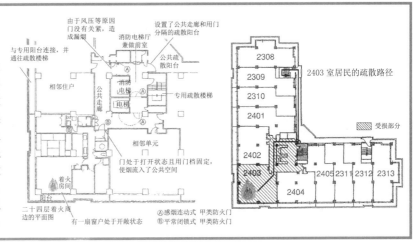

■ SKYCITY 南砂火灾
（东京都，1989年）[5]

1989年，二十八层的住宅楼发生火灾，其中二十四层的住户单元全部被烧毁，过火面积159m²。为了帮助延误疏散的住户逃生，住户的防火门处于全开敞状态，再加上强风将专用疏散楼梯前室的门吹开，使烟气充满了通廊和前室。所幸的是喷出的火焰被阳台阻隔，避免了火势向上层的蔓延。

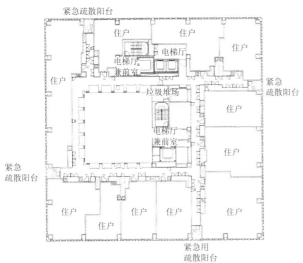

[3] 对公共走廊进行加压防烟的例子[3]
（财富大厦，设计：大成建设）

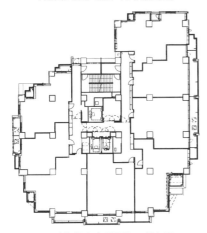

[4] 对公共走廊平面分区的例子
（PARK CITY 杉井，设计：竹中工务店）

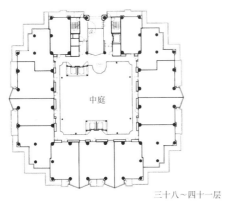

三十八～四十一层

[5] 带有中庭的建筑[4]
（埃鲁扎大厦 55，设计：竹中工务店）

公共部分和中庭的防烟对策

火灾时一旦烟气侵入通廊、电梯厅等公共空间，将会使整层楼丧失疏散路径，还会引起火势蔓延。因此必须按照每户单元划分防火防烟分区。

公共走廊的防排烟方法，除了机械排烟和设置自然排烟窗外，还可以采用加压送风防烟系统[3]（参见第 99 页）。还有如[4]中所示将通廊水平划分为几个分区限制烟扩散范围的方法。

在超高层住宅中，有时在平面的中央设置四周有开放走廊的中空空间，即中庭[5]。火灾时流入楼道的烟气可以从中庭的上方排出。但是如果没有从下面供风或中庭面积不够大时，烟气依然无法有效排出，可能造成烟气浓度增加危及较高楼层走廊的情况。

延误疏散时的对策

从保护住户隐私的观点出发，在各住户之间一般采取隔声措施，这就造成发生紧急情况时信息沟通的障碍。针对这一问题，设置能向各住户发出灾难警报并引导疏散行动的播报系统非常重要。考虑到老年人和病人的需求，在公共空间采取防排烟措施，设置逃生阳台应对无法从走廊疏散的情况。另外为了应对无路逃生需要等待救援的情况，当无法在住户内设置安全区时，采取按住户划分防火分区防止火势蔓延的措施非常重要。

参考文献
1）火災便覧第 3 版，共立出版，1997.
2）朴 哲也ほか：データーベースを利用した非常用照明設備の故障率と出火率，日本建築学会構造系論文報告集，第 418 号，1990.
3）新建築，新建築社，2003.2
4）日本建築学会：建築設計資料集成 総合編，2001.
5）日経アーキテクチュア，10 月 15 日号，2001.

采用加压防烟系统提高疏散路径的安全性

该例中，集合住宅位于超高层综合建筑的高层部位，采用了加压防烟系统。

本建筑中通过对专用疏散楼梯的前室和电梯井加压送风，间接给中间通廊加压，以保证在长时间内疏散路径不受烟气侵害。当烟气侵入中间通廊时，关闭前室的防火门并启动通廊的机械排烟设备。

考虑到居住者中有行动能力低下的老人和儿童等，在住户和前室设置压力调节口并在中间通廊设置压力调节用竖井，以防止空气压力过大对住户门或前室门施加过大的压力。

建筑名称 赤坂溜池大厦
规划地区 东京都港区
建筑用途 办公楼，公共住宅、商店、停车场
设计单位 森大厦（初步设计、监理）
建筑层数 地下2层，地上25层，塔楼2层
建筑面积 47758m²
建筑结构 地下钢骨混凝土，地上钢结构

参 考 文 献
1）掛川秀史ほか：高層集合住宅における加圧防煙システムの性能確認実験，日本建築学会技術報告集，第15号，2002.
2）ニュース建築：赤坂溜池タワー，日経アーキテクチュア，2000.12.25号

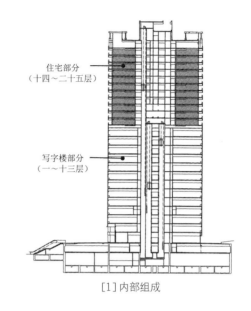

[1] 内部组成

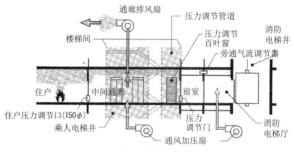

[2] 加压防烟系统的组成（住宅层）

[3] 建筑外观

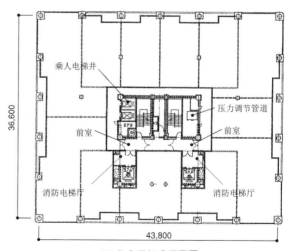

[4] 住宅层标准层平面

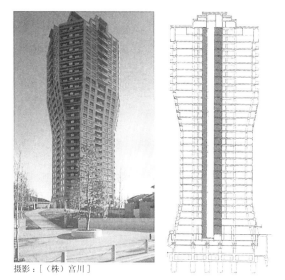

摄影：〔株〕宫川

[5]建筑外观和剖面图

公共区域的加压防烟

　　该例是超高层公共住宅，在第一安全区的通廊和前室采用加压方法进行防排烟。

　　在地下1层、地上29层中，用专用送风扇对住户层的前室、兼做前室的消防电梯厅以及乘人电梯井进行加压，对通廊二次送风（同时进行机械排烟）。

　　从地下的隔震层输入新风，给前室和兼做前室的消防电梯厅送风，从塔楼处对乘人电梯井送风排出通廊的烟气。

　　确保所有住户有两条疏散路线。主要疏散路线是通过内部通廊经前室进入专用疏散楼梯的竖直方向的疏散路线，次要疏散路线是从阳台前往相邻住户的水平方向的疏散路线。

建筑名称　元麻布健康大厦
规划地区　东京都港区元麻布
建筑用途　公共住宅，停车场，商店
设计单位　森大厦，建筑设备设计研究所
　　　　　竹中工务店
建筑层数　地下3层，地上29层，塔楼2层
建筑面积　45024m²
建筑高度　96m

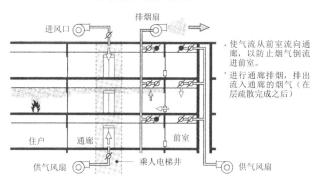

进风口　　　　排烟扇

・使气流从前室流向通廊，以防止烟气倒流进前室

・进行通廊排烟，排出流入通廊的烟气（在层疏散完成之后）

住户　　通廊　　　前室

供气风扇　　　乘人电梯井　　　供气风扇

[6]加压防烟系统的组成（住宅层）

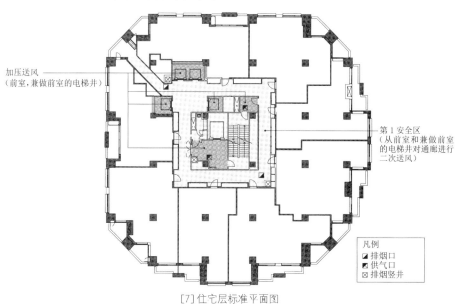

加压送风
（前室，兼做前室的电梯井）

第1安全区
（从前室和兼做前室的电梯井对通廊进行二次送风）

凡例
◨ 排烟口
◼ 供气口
⊠ 排烟竖井

[7]住宅层标准平面图

在火灾历史中，商业店铺的火灾造成大量人员死亡的事故有几例，对后来防火措施和规范法规的修正产生了很大影响[1]。

商业店铺的特点是存有大量的服装、家具类等可燃物，人群密度大。所以当火灾发生未能及时扑灭时会酿成重大伤亡事故。此外由于外墙的开口少，可能会使火灾的持续时间增加。

疏散计划

在商业店铺中，疏散口或疏散楼梯的布置非常重要。布置时应考虑卖场的平面布局避免偏置，避免从卖场的任意位置到疏散口或疏散楼梯的步行距离过长，发生滞留死角。

当楼梯直接面对卖场时，烟气可能随着人流的移动进入楼梯。为解决这一问题，有效的方法是设置楼梯前室。

[2]中所示为通过合理布置出口和楼梯，保证在楼梯不多的情况下缩短疏散时间的例子。

烟气控制

商铺中存有大量的可燃物，火灾时很容易在短时间内产生大量的浓烟，不仅严重影响疏散，而且会妨碍消防活动。因此必须设置有效的排烟系统以控制烟气扩散。

日常维护管理

由于百货商店中不仅有固定店员，还有专卖店店员。因此为了火灾时行动统一，对所有相关人员进行防火知识培训和防灾训练是非常必要的。

另外，竣工后必须对建筑进行严格管理，以保证建筑处于合规状态。尤其是对楼梯间和疏散通道的管理，应严禁堆放任何物品。

年份	地区	建筑名称	死亡人数（人）	受伤人数（人）	过火面积（m²）	特征
1932	东京	白木屋	14	40	13140	该建筑被认为防火性能非常好，却发生了日本首次大规模的火灾。死者的一半以上是在逃生过程中发生坠落所致。引起火灾的原因是电线短路引燃赛璐珞玩具后火势蔓延。接受本次火灾的教训，制定了双向疏散路径、划分防火分区、设置屋面广场、疏散楼梯和自动喷淋的相关规定
1963	东京	西武百货商店池袋	7	216	10250	该百货商店改造中，火柴点燃了可燃性溶液引发火灾。无自动关闭装置的防火卷帘门未关闭
1972	大阪	千日百货店	118	81	8763	进行装修改造时着火。由于竖向防火分区划分有缺陷，浓烟扩散至上层的饮食店；又因为楼梯入口门被锁丧失了疏散路线，造成大量人员死亡
1973	大阪	西武高槻购物中心	6	13	28658	准备营营之前发生火灾。由于自动喷淋等防火设备还未正式启用，导致火灾扩大。由于建筑外立面上无窗，浓烟无法排出，再加上灭火困难，火灾持续燃烧达20小时
1973	熊本	大洋百货店	103	121	12581	这是在日本造成最多死亡人数的百货商场火灾事故。二层楼梯内的纸箱着火并向上层蔓延，烟气扩散。因为正在施工，部分疏散楼梯和防灾设备无法启用，三层以上有100人死亡
1990	大阪	长崎屋尼崎店	15	6	814	寝具卖场发生火灾使可燃性吊顶板燃烧，火灾快速蔓延。防火门未关闭使烟气侵入楼梯间，失去疏散路线的楼内人员成为牺牲者
2004	埼玉	堂吉诃德浦和花月店	3	8	2237	24小时营业的批发市场夜间起火，引导顾客疏散后再进入楼内进行确认的3名工作人员死亡。起火原因疑似纵火

[1]主要商业店铺的火灾事故

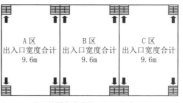

（a）楼梯宽度合计：3m×15个=45m

A区 出入口宽度合计 4.8m　B区 出入口宽度合计 4.8m　C区 出入口宽度合计 26.4m

楼梯宽度满足现行规范的要求。在三个方案中，本方案的楼梯总宽度最大，但由于偏置，从A区和B区疏散所用时间最长

（b）楼梯宽度合计：3m×12个=36m

A区 出入口宽度合计 9.6m　B区 出入口宽度合计 9.6m　C区 出入口宽度合计 9.6m

虽然楼梯总宽度小于方案（a），但由于A区和B区的楼梯宽度增加至2倍，缩短了整层人员的疏散时间

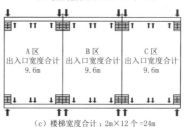

（c）楼梯宽度合计：2m×12个=24m

A区 出入口宽度合计 9.6m　B区 出入口宽度合计 9.6m　C区 出入口宽度合计 9.6m

该方案在平面两侧设置了可以临时避等待的阳台。A区、B区的疏散时间与方案（b）相同，但楼梯总宽度减小

*商业店铺标准层面积7200m²，划分为3个防火分区时的楼梯布置方案

出入口宽度凡例		
◆2.4m	◆1.8m	◆1.2m

[2]防火分区与疏散楼梯的布置[1]

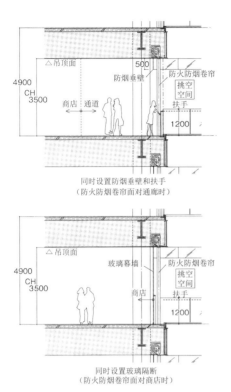

同时设置防烟垂壁和扶手
（防火防烟卷帘面对通廊时）

同时设置玻璃隔断
（防火防烟卷帘面对商店时）

[3] 划分竖井分区的卷帘发生故障时的预防对策案例

防火分区

为了防止初期灭火失败后火势进一步扩大，最有效的方法是将火势控制在一定范围内。

在商场中，为了空间整体使用或保持视觉效果的通透性，经常采用防火卷帘等临时关闭型的防火设备对自动扶梯或前厅等竖向空间进行防火分区划分。

为了保证该类防火设备的启动可靠性，必须定期进行检查。为了防止堆放货物或货架等对卷帘关闭等形成障碍，必须进行严格管理。也有在卷帘门等边上设置玻璃幕或扶手的事例 [3]。

参 考 文 献
1) 吉田克之：商業施設の防災計画，建築防災，
  （財）日本建築防災協会，2002.
2) 吉村秀實：検証/長崎屋尼崎店の火災，消防，
  第12卷，第5号.

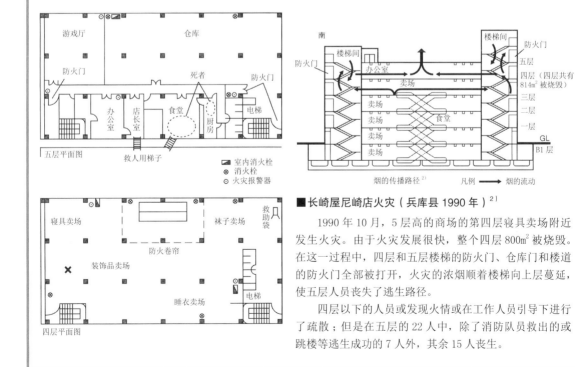

五层平面图

救人用梯子

□ 室内消火栓
⊗ 消火栓
◎ 火灾报警器

四层平面图

烟的传播路径[2]　凡例 ➡ 烟的流动

■ 长崎屋尼崎店火灾（兵库县 1990 年）[2]

1990 年 10 月，5 层高的商场的第四层寝具卖场附近发生火灾。由于火灾发展很快，整个四层 800㎡ 被烧毁。在这一过程中，四层和五层楼梯的防火门、仓库门和楼道的防火门全部被打开，火灾的浓烟顺着楼梯向上层蔓延，使五层人员丧失了逃生路径。

四层以下的人员或发现火情或在工作人员引导下进行了疏散；但是在五层的 22 人中，除了消防队员救出的或跳楼等逃生成功的 7 人外，其余 15 人丧生。

采用加压防排烟系统实现内部连续空间的小型商店

该例子为实现各层内部空间连续设计的理念，适合采用性能化设计。

在建筑内设置有上下连续的挑空空间，实现了内部空间的连续性；另外在外墙玻璃和楼板之间设置了50cm的间隙。在中厅的端部有被称为管道空间的中间层。

由于内部空间上下贯通，如果不进行任何处理，火灾时烟气有可能迅速充满内部空间。为防止这一现象发生，采用了加压防排烟系统。当火灾发生时，在火灾层开放自然排烟口[5]的同时，利用通风井给整栋楼加压。通风井利用楼梯井和电梯井[3]。

为了确保火灾层和其他层之间的压力差，采取了在管道空间的上方设置防烟屏[4]、在楼板端部设置防烟阀[7]等各种各样的措施。为了减少这些设备对视觉效果的影响对实现建筑理念形成障碍，在设计上作了各种努力。

建筑名称 普拉达青山专卖店
规划地区 港区南青山
建筑用途 商店，办公
设计单位 赫尔佐格与德梅隆建筑事务所
　　　　 竹中工物店
建筑层数 地下2层，地上7层
建筑面积 2860.36m²
建筑结构 钢结构，局部钢筋混凝土（隔震结构）

建筑的各个面均为玻璃，玻璃不仅有平面，还有凹面和凸面。此外对排烟窗和紧急出入口也进行了同样设计。

[1]建筑外观

[3]在二、四、五、六层电梯的防火门上安装的向商场内送风的百叶窗板

[4]在管道空间顶部安装的硅油布材料的挡烟屏

[5]加压扇的启动信号可使局部外装自动开启成为排烟口

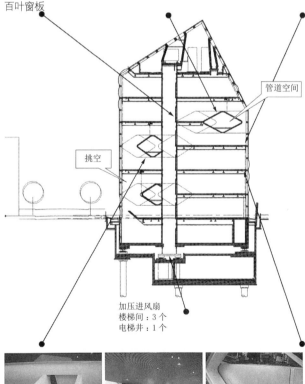

管道空间

挑空

加压进风扇
楼梯间：3个
电梯井：1个

[6]在管道空间楼梯上设置的通往楼梯的防火门（拉门）

[7]在楼板端部和外墙玻璃之间设置的阀门

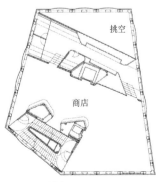

挑空

商店

[2]二层平面图

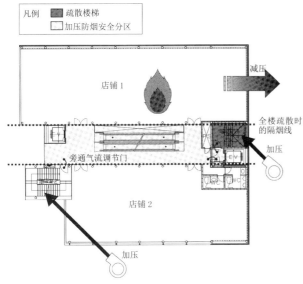

凡例　█ 疏散楼梯　□ 加压防烟安全分区

减压

店铺 1

全楼疏散时的隔烟线

加压

旁通气流调节门

店铺 2

加压

店铺 1 着火时，在打开店铺 1 减压口的同时启动加压扇，对着火室和自动扶梯之间采取隔烟措施

[8] 标准层

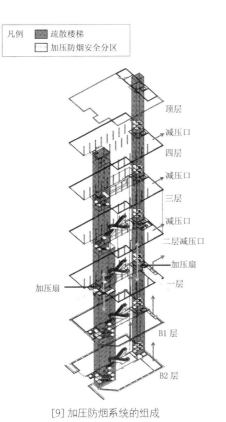

凡例　█ 疏散楼梯　□ 加压防烟安全分区

顶层

减压口

四层

减压口

三层

减压口

二层减压口

加压扇

加压扇

一层

B1 层

B2 层

[9] 加压防烟系统的组成

商店中对自动扶梯区域进行加压防烟

这是在地下二层到地上三层的自动扶梯区域采用加压防烟系统，使其与通廊形成整个竖向分区的例子。

通过直接给疏散楼梯加压使疏散楼梯区域处于正压状态，防止烟气侵入火灾时作为疏散和消防活动据点的疏散楼梯。在给疏散楼梯加压的同时打开着火室的减压口，形成"楼梯间→前室→自动扶梯厅→着火室"的烟气流动路线，并且阻断从火灾房间到电梯厅的烟气流动，防止烟气在楼内人员疏散完成之前进入疏散通道。在这一过程中，为了避免因为楼梯室的门全部关闭造成压力上升过快并保证持续给疏散路线送风，在各层楼梯门的上方设置了旁通气流调节器。

自动扶梯厅和店铺之间的防火隔墙采用低膨胀玻璃材料的专用防火设备镶嵌式玻璃幕墙，在展示"商铺风貌"的同时，保证了防火安全性能。

建筑名称　札幌 Chanter
规划地区　札幌市中央区
建筑用途　饮食，商店
设计单位　竹中工务店
建筑层数　地下 2 层，地上 4 层，塔楼 1 层
占地面积　672m²
建筑面积　3979m²
建筑结构　地上：钢结构，地下：钢筋混凝土结构

[10] 自动扶梯厅

利用阳台疏散的百货商店 [1]

这座大楼位于大阪市繁华街"南区"，面对御堂筋大道，是集商场、餐饮为一体的商业设施，其中还设有陈列馆，是大型商业中心。

疏散设计 [2][3]

疏散设计中楼梯并没有被集中在一处，而是合理地分布在各个位置，在建筑的外围设置有阳台，疏散时可以从阳台直接进入楼梯间。这样的平面布局，不仅从卖场的各个位置很容易发现疏散口，而且缩短了步行距离，可以很顺利地到达疏散口。特别是通过设置阳台，可以高效率地保证疏散口的数量和宽度，同时最大限度地缩短在疏散口的滞留时间。通过灵活使用阳台，缩短从店铺和各层所用的疏散时间，可以减少楼梯，增加各层卖场的有效面积。此外在楼梯室的内侧入口处设置附属房间或与附属房间相同结构的前室，为疏散者提供了安全空间，并提升了楼梯间的安全性。

烟气控制

对竖井的烟气控制采取了以下措施。首先在连接地下层到最上层的楼梯间和消防电梯井等竖井分区和各用途房间之间设置前室，然后在十层将贯通上下层的自动扶梯竖井分隔成上下两个分区，利用通风排风效果防止烟气扩散。在此基础上，在地下层给平时用电梯井（[3]阴影部分）加压，防止烟气流入电梯井。

建筑名称 心斋桥 SOGO
规划地区 大阪府大阪市中央区心斋桥筋
建筑用途 商场，饮食业
设计单位 竹中工物店
建筑层数 地下 2 层，地上 14 层，塔楼 3 层
建筑面积 58183m²
建筑结构 钢结构（局部钢骨混凝土）

[1] 外观透视图

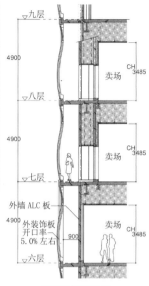

[2] 阳台剖面图

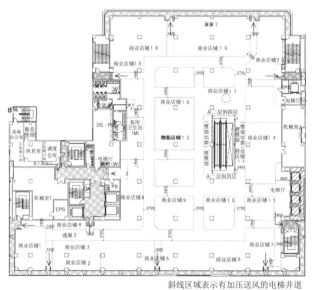

斜线区域表示有加压送风的电梯井道

[3] 标准层平面图

取消了围绕商业街走廊的防火卷帘，实现了高可视性和开放性的空间

[4]三层贯通的商业街走廊

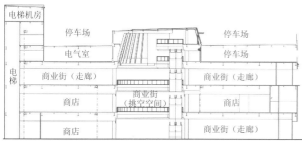

为了吸引顾客，增加顾客在商店内的滞留时间，在商场的中央设置了三层挑空的商业街走廊。

[5]剖面图（S=1∶800）

利用商业街挑空空间提高开放性的大型商业中心

为了在商业中心核心的挑空空间商业走廊营造出热烈、舒适的气氛，用对全馆进行疏散安全验算的C法（大臣认证法）进行防火设计的例子。

为了提高商业街走廊挑空空间的可视性和开放性，商业街走廊挑空空间不作为疏散路径，其排烟采用送风和自然通风并行的方法。在确认其内外疏散安全的基础上，取消了商业街走廊挑空空间四周的防火卷帘。

此外在商场楼平面上合理布置疏散楼梯，对所有疏散楼梯间都设置了安全分区，提高了防火防烟性能，在确认整栋楼疏散安全的基础上优化了疏散楼梯的数量。作为排烟设备的排烟分区扩大至1500㎡，由于挡烟垂壁的减少使内装设计更容易进行，商店的空间更加简洁。

该建筑由商场楼和停车楼组成，商场楼内有商场、饮食店、电影院等

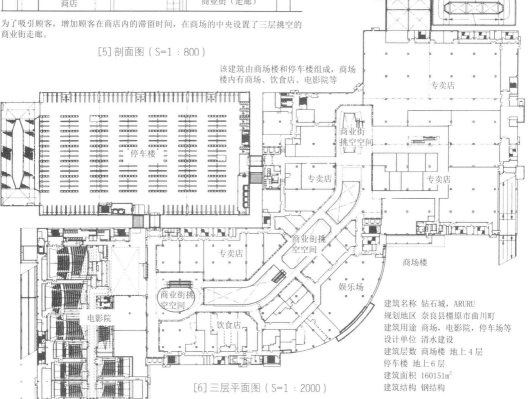

建筑名称 钻石城，ARURU
规划地区 奈良县橿原市曲川町
建筑用途 商场，电影院，停车场等
设计单位 清水建设
建筑层数 商场楼 地上4层
　　　　停车楼 地上6层
建筑面积 160151㎡
建筑结构 钢结构

[6]三层平面图（S=1∶2000）

集会设施是指剧场、会堂、音乐厅、多功能厅、电影院等。这些建筑根据其用途和目的的不同特点各不相同，但是有一个共同的特点就是火灾发生时所有人同时疏散。因此设计时从观众席到地面的路线应该易于辨认、容易行走。

集会设施的相关法规

在日本，建筑法及消防法要求集会设施应优先采用纵向通廊，因此 [1] 中所示有纵向通廊的布局占绝大多数。而在国外的集会设施中，很多布局中没有纵向通廊 [2]。从外表上看，大陆型布局疏散时需要更长时间，但实际上疏散时间与疏散出口的数量和总宽度有关，只通过走廊形式无法做出判断。

烟气控制 [3]

剧场设施的防灾设计必须保证舞台着火时烟气不向观众席扩散。如果舞台上未设排烟口，烟气充满舞台后将越过舞台口流向观众席。但如果在空中最上方设置自然排烟口，则烟气会沿中性带上升，可有效防止向观众席的扩散。由于舞台上可燃物多，最好采用自然排烟方法。但是在城市剧场中有为了隔绝噪声很多都采用机械排烟法。

疏散路线 [4]

集会设施的利用者多为不特定人群，设计时应尽量使疏散路线和入场路线一致，且路线不能过于复杂。

影院综合体（CINEMA COMPLEX）一般有多个电影院集中布置，因此建筑内的人群密度很高。疏散设计时原则上在每个电影院应布置两个以上的出口，出口应分别布置在不同方向的疏散路线上。

参考文献
1）日本建筑学会编：建筑设计资料集成，7，丸善，1981.

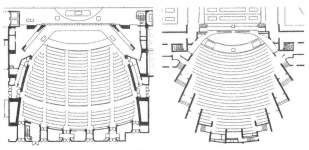

[1] 纵向通道（帝国剧场）[1]　　[2] 大陆型（凯伦市立歌剧院）[1]

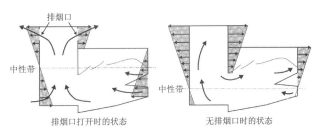

如果在上空排烟（左），中性带上移使空气由观众席向舞台方向流动，有防止烟气流向观众席的效果。无排烟时（右），中性带低于舞台口，烟气将向观众席移动。

[3] 飞檐的排烟效果

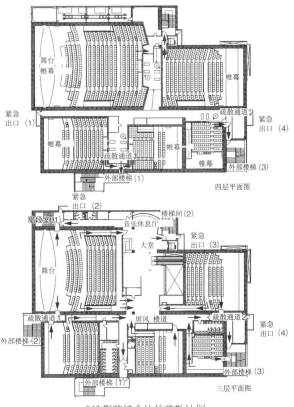

[4] 影院综合体的疏散计划
（不作为电影院线使用，设计：竹中工务店）

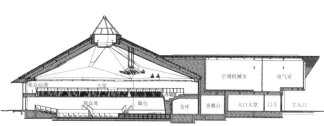

[5]大堂内景（摄影：平刚）

有蓄烟效果的音乐厅

该建筑为中等规模的音乐厅，为了得到最佳音响效果，采用了少有的正五边形平面。设计时为了追求初期反射音的理想分布进行了精心设计。考虑到排烟口对隔声不利，未设置排烟设备，而是利用音乐厅上空巨大空间的蓄烟效果进行排烟。这样做还可以有效防止结露并降低造价。

音乐厅部分一层设有座席，二层为站席。大部分的观众席都在一层，所以疏散路线利用平常使用的通道，这样可以避免混乱发生；在二层的站席，设置了直接通往室外地面的疏散路线。

建筑名称 大贺音乐厅
规划地区 长野县北佐久郡轻井泽町
建筑用途 音乐厅
设计单位 鹿岛建设
建筑层数 地上 2 层
建筑面积 2813m²
建筑结构 混凝土结构，局部钢结构
观众席位数 800 个，2 层合唱席位数 40 个
大堂吊顶高度 14.5m

[6]平面图

[7]剖面图

[8]蓄烟效果与疏散完成时间

展览设施概要

这里所指展览设施是指美术馆、博物馆、动植物园和水族馆等。这些设施中收藏着文化财产和美术品等重要物品，所以保护展示作品，防止火灾、偷盗和破坏行为是非常重要的课题。历史上展览设施在战乱中遭到破坏的例子很多，但近年来发生火灾的越来越少。尽管根据统计结果该类设施的安全级别高，但是考虑到其可能成为纵火和恐怖袭击的对象，急需采取必要的防范措施。

防灾计划

展览内容不同火灾时展览设施的状况也不同，不能一概而论。展览设施中，普通观众不能进入的展品仓库和管理方面图书室的防火措施比展览厅更加重要。对有厨房的展览设施，应根据厨房的规模采取防火和防火蔓延措施。另外当可能受到邻近设施火灾波及时，还应在建筑外围采取防火措施。

疏散计划

展览设施虽然平常参观者少，但当举办展览时有时会吸引大量的观众。设计时必须按照人群聚集情况进行疏散设计。一般情况下，展览厅内部的流线比较复杂。根据展览场的情况有时将一个展示空间用隔断分隔成小空间[1]，有时又将多个展示空间组合在一起[2]，在这种空间里集中参观容易迷失方向。因此在各个关键场所设置歇息所附近设置疏散楼梯，可以使人们更容易辨别疏散路线[3]。

有的展览设施为了使人们更容易理解空间组成提升空间的观赏性，采用了挑空空间。

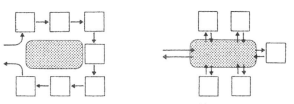

[1]展示空间内的流线[1]

[2]展示空间的连接路线[1]

50 m

1阶

[3]每个展示空间设置疏散楼梯的例子[1]
（东京都美术馆，设计：前川国男建筑设计事务所）

参考文献
1）日本建築学会編：建築設計資料集成，7，1981.

[4]建筑外观（摄影：安藤忠雄建筑研究所）

[5]克劳德·莫奈展厅（摄影：松岗满男）

空间本身为艺术作品的美术馆

这是一座从地下一层到地下三层全部埋在地下的美术馆。两位美术家，美术馆长和建筑师安藤忠雄共同合作将建筑内部空间本身打造成了艺术作品。防灾采用了性能化设计。

为了凸显照射在楼板、墙、吊顶面等空间元素上的自然光效果，尽量排除建筑设备等元素对视线的干扰。防火设计中没有采用排烟设备，而是利用高顶棚的蓄烟效果。层疏散的安全性能通过大臣认证的方法（C方法）进行了验证。

从建筑物的地下一层到地下三层的各层都有直接通往地面的出口，因此对各层分别进行疏散安全设计。

建筑分为两个区，由外部通道连接。进行层疏散安全性能验证时，分别将两个区作为独立的层进行验算。

在美术馆中多个陈列室作为独立的单体依次排列，连成整体。当陈列室着火时，为了防止烟气扩散，应尽量控制烟气的流动，原则上在陈列室的出入口处设置平时开放型的与感烟探测器联动的锁定防火装置（防火门）。

建筑名称　地下美术馆
规划地区　香川县香川郡直岛町
建筑用途　美术馆
设计单位　安藤忠雄建筑研究所
施工单位　鹿岛建设
建筑层数　地下3层
建筑面积　2574m²
建筑结构　混凝土结构，局部钢结构

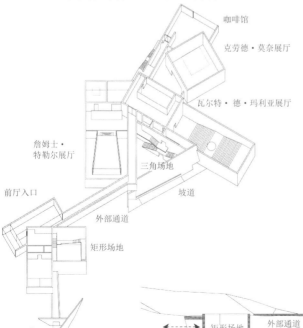

[6]外观布置　　　　　　　　　　　[7]剖面图

具有展示空间连续性的开放性游览通道的水族馆

这是世界上最大的淡水鱼水族馆之一。在这里无论是成年人还是孩童都能在欣赏鱼类世界的同时获取知识。为了实现开放性空间，该例适合采用性能化设计。

游览者的参观路线是从入口大厅乘电梯上四楼，再从四楼沿着游览通道参观逐渐降至一层。

采用热应力和变形分析对支承一层入口屋面的钢梁、支承三层和四层屋面的钢柱和钢梁进行了火灾时的非损伤验算，对其安全性进行了确认。上述构件均未喷涂防火涂料。

对于东侧三层和四层的陈列室，为了实现空间的连续性，对全馆的疏散安全性进行了验算。根据验算结果取消了展示空间（水槽）和参观通道之间的竖向隔断，此外部分房间中没有设排烟设备。

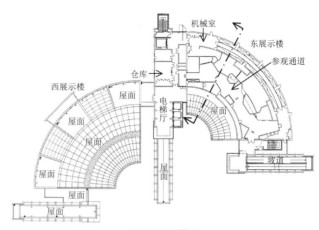

[1]四层平面图

三层和四层有挑空空间。在三层由于面对观光路线的水槽局部开放，使人可以体验到空间的整体感觉。

[2]东展示楼剖面

建筑内景（四层，长良川上游）

建筑内景（三层，长良川上游）

建筑名称　水族馆•岐阜
　　　　　岐阜县世界淡水鱼园水族馆
规划地区　岐阜县各务原市
建筑用途　水族馆
设计单位　安井建筑设计事务所
建筑层数　地上4层
建筑面积　8411.10㎡
建筑结构　混凝土结构，局部钢结构

四层：长良川上游

三层：长良川上游、中游、下游

二层：东日本的河流、亚洲的河流、世界的河流

一层：刚果河、亚马孙河

[3]参观路线

[4] 建筑外观（摄影：石黑守）　　[5] 前厅内景（摄影：石黑守）

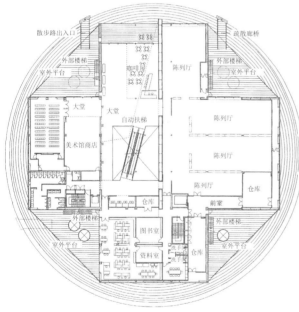

[6] 平面图

散步路出入口　　　　　　　　　疏散廊桥
外部楼梯
室外平台　　　　　　　　　　外部楼梯
　　　　咖啡　　陈列厅　　室外平台
大堂　　大堂
　　　　　自动扶梯　　陈列厅
美术馆商店
　　　　　　　　　　陈列厅
　　　　　　　　陈列厅　　仓库
　　　　　　　　　　前室
　　　　仓库
外部楼梯　　　　　　　　外部楼梯
室外平台　　图书室　　　　室外平台
　　　　资料室　　仓库

一体大空间和无防火被覆处理的美术馆

　　该美术馆的参观路线是从三层进入，经过二层的前厅进入一层和地下一层的展览大厅。设计布局应使参观者进入楼内的同时就能对建筑内部空间有一个整体把握，并且了解去展览室的路线。所以从地下一层到地上三层设置了没有竖向分隔的挑空空间。此外该建筑虽然为耐火建筑，但通过耐火性能化设计，前厅和展览大厅的主要钢柱均未进行防火被覆处理。

　　为了不对挑空空间竖向分隔，采取减少前厅中可能成为火源的可燃物数量、在前厅和其他各室之间划分防火分区的措施。此外与前厅相接的各层均保证了两个方向的疏散路线，从前厅以外的各室疏散均不需要经过前厅。

　　利用高顶棚蓄烟控制烟气。通过计算机模拟烟层下降的状态确认其安全性。控制前厅内可燃物数量对延长烟气下沉时间起着关键作用。

建筑名称　POLA 箱根美术馆
规划地区　神奈川县足柄下郡箱根町
建筑用途　美术馆
设计单位　日建设计
建筑层数　地上 3 层，地下 2 层
建筑面积　8099.64m²
建筑高度　8m

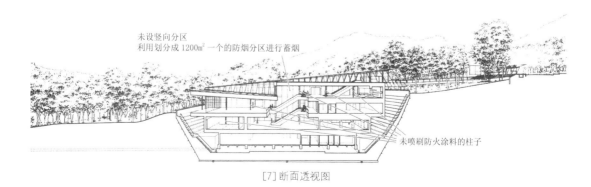

未设竖向分区
利用划分成 1200m² 一个的防烟分区进行蓄烟

未喷刷防火涂料的柱子

[7] 断面透视图

学校的特点 [1]

教育体系针对每个人的个性和理解力变得越来越开放和灵活。为了促进综合学习和专业学习，在教室布置中充分考虑了利用图书、计算机、视听设备等多种学习媒体以及灵活分组的可能性。在这种形势下，确保由开放空间的组合形成连续空间的例子、由中庭、挑空空间等形成丰富多彩生活区的例子越来越多。

学校的火灾危险性

在中小学和高中部，由于对火灾的管理比较严格且定期进行疏散训练，在管理方面比较到位，所以很少发生火灾。但是位于城市中心的学校建筑有多层、高层化的趋势，由于没有要求必须设置排烟设备，在火灾安全性方面存在着不确定因素。

在大学等高等教育机构中，因为有时使用可燃物品或有毒气体等具有高危险性的药品，并曾经因此而发生过死亡事故（见列表），所以设计时有必要考虑用火管理或合理设置防火分区。

设置挑空或开放空间作为学习场所时，进行防火分区划分、制定防排烟计划非常重要。

参 考 文 献
1）日本建筑学会编：建筑资料集成 总合编，丸善，2001.

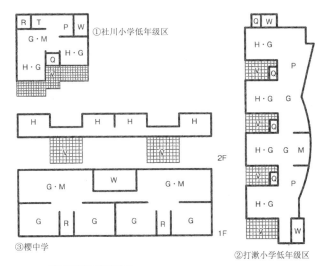

①牡川小学低年级区
②打漱小学低年级区
③樱中学

普通教室的功能和作用
G：一般学习场所
　进行各种学习活动的场所，要求有一定的自由度和空间面积。
H：主场所
　各班级在学校的生活场所。储藏柜、通知栏、联络点、专用教室，教学教室
W：用水空间……厕所、洗手间、饮水器等
　低年级教室，需要特别帮助的教室等
P：作业活动空间
　冲洗池、作业台，有底板的作业活动场所
T：教师办公区
　小学校教室、教师研室等
R：教材空间
　班级或各科教材的整理、归档和保管
M：多媒体空间
　图书、计算机、视听设备、教材、作品等的场所
V：半室外空间 ……通廊、露台、阳台等
　不怕脏和噪声，可任意活动调整情绪的场所
Q：静空间……封闭场所
　安静、令人情绪放松的场所、书斋、凹室

[1]教室周围功能的典型形式[1]

■大阪大学基础工学部的火灾

1991年3月，大学的研究室在进行半导体的制作和试验过程中，硅烷气体材料在容器内突然爆炸，容器被炸裂。爆炸产生的气体扩散至教室内引发火灾。该事故造成实验室中2人死亡、5人受伤。

以该事件为契机，在软件方面强化了危险物品的管理，在硬件方面根据使用方法对研究室是否需要分区、设置排烟设备等进行了研究。

（摘自消防科学综合中心，"消防防灾博物馆"主页）

从研究室窗户喷出的火焰

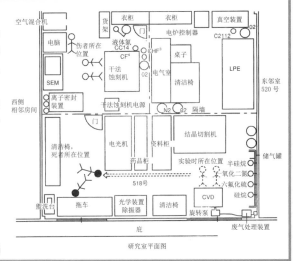

研究室平面图

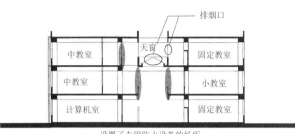

[2]挑空空间的分区方法

设置了专用防火设备的场所

教室的标注：
中教室　中教室　固定教室
中教室　　　　小教室
计算机室　　　固定教室
天窗　排烟口

有三层挑空走廊的高中部学校建筑

　　该建筑是有新教育理念的高中部学校，其四周是低层住宅。为了确保通风采光，在平面中部设置了挑空空间。为了充分发挥该挑空空间的特点，在保证疏散安全的前提下，没有设置竖向防火分区。

　　挑空空间正对通廊，通廊的外围是教室群，从教室疏散必须经过挑空空间。通过验算确认挑空空间的蓄烟和天窗的排烟效果可以保证从教室的安全疏散。

　　为了保证水平疏散、在短时间内完成从挑空空间的撤离，在教室楼的约中央位置设置防火隔墙，形成两个防火分区，并设置由教室楼通往相邻中心楼和体育馆的通廊。

　　为了防止火势顺着挑空空间蔓延至上层，精心设计挑空周边走廊上的檐口以及教室和通廊之间的门洞形状。通过验算确认这些措施可以有效控制火灾时喷出的火焰，达到防止火势蔓延的目的。

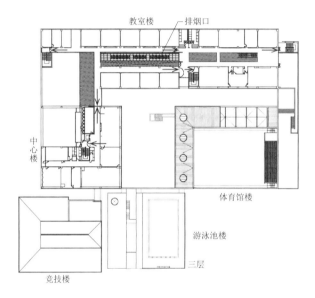

教室楼　排烟口
中心楼
体育馆楼
游泳池楼
竞技楼
三层

建筑名称　东京都立芦花高中部学校
规划地区　东京都世田谷区粕谷
设计单位　早川邦彦建筑研究所
　　　　　东京都财务局修缮部
建筑层数　地下 0 层，地上 4 层
建筑面积　26839.55m²
建筑结构　预制混凝土结构，局部混凝土结构

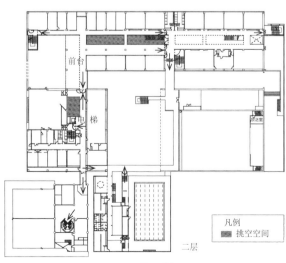

前台
电梯
凡例
■ 挑空空间
二层

[3]平面图[1]

参 考 文 献
1）新建筑，2003 年 7 月号.

[4]挑空空间[1]（摄影：新建筑社，铃木研一）

有阶梯式大空间活动中心的大学

该建筑建在缓坡上，建筑的长和宽均为100m，高24m。该巨大箱体建筑的中心是一个被称为大礼堂的阶梯形大空间，是学生研究、听课、讨论和开会等的活动中心。在该空间的内部还包含有开放性建筑。

该大空间活动中心的蓄烟效果极好，根据对火灾时的烟气下沉和烟气温度形状的预测结果，认为该空间可按照室外空间考虑。

该大空间活动中心的视野极好，大量的自然光可以从天窗和周边的外墙射入室内，在火灾时可减轻疏散者的心理压力。此外在活动中心和北区之间有划分了防烟分区的多功能空间，保证了火灾时的水平疏散。

该活动中心为多功能空间，可用于各种目的。在活动中心与教室之间设置了防火隔墙，并在活动中心内限制实验等大量可燃物的使用，将着火的规模控制在小范围内。同时确认活动中心内各层的火灾不会向上层和水平方向蔓延。通过采取以上措施，在活动中心内不在设防火卷帘，使整个空间作为一个防火分区得以实现。

建筑名称　函馆未来大学
规划地区　北海道函馆市龟田中野
设计单位　山本理顕设计工场
建筑层数　地下0层，地上5层
建筑面积　26839.55m²
建筑结构　预应力混凝土结构，局部混凝土结构和钢结构

[1] 活动中心大空间（俯视）

[2] 活动中心大空间（仰视）

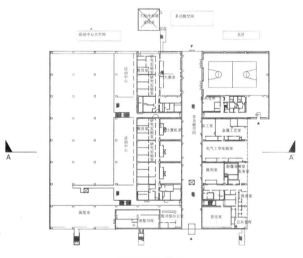

[3] 三层平面图

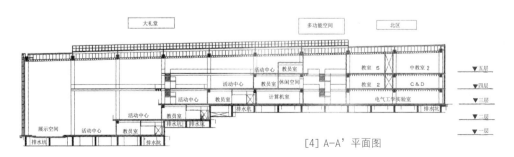

[4] A-A'平面图

该活动中心有充分的自然采光和自然通风，其空间特性与室外接近。通过防火设计，内部的柱子未喷刷防火涂料，保持了纤细的形状。

[5] 中庭内景

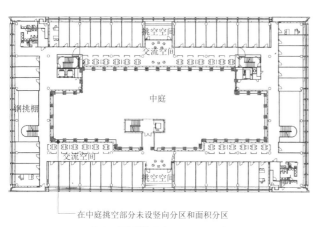

在中庭挑空部分未设竖向分区和面积分区

[6] 5层平面图（S=1：1000）

有中庭的研究室楼，中庭与室外空气连通

为了充分发挥研究室栋核心区中庭的空间特点，按照旧建筑基准法第38条大臣认证的方法进行消防设计。

建筑由两部分组成，中庭四周的研究室群和位于高11m架空层内的研究室群。中庭内部空间高31m，其容积达到40000m³。在屋面桁架的侧面和架空层的侧面设有与外气连通的开口，使内部的空间特性与室外接近。

利用中庭上方通风口的拔风效果和暖空气的浮力产生的上升气流进行平时的自然换气和火灾时的自然排烟。通过烟气流动模拟分析证实了自然排烟的效果。所以在排烟设计时，中庭的四周未设竖向防火分区，对于中庭周围的房间和通廊采用了中庭自然排烟的方法。

此外由于中庭为内部空间，原则上应设置竖向防火分区和面积防火分区。但经过验证不存在火势向上层蔓延以及穿过中庭向对面房间蔓延的可能性。所以未设置竖向防火分区和面积防火分区。并且通过耐火设计，未对钢管混凝土柱采取防火保护措施，使简洁、开放性高的中庭得以实现。

建筑名称 庆应义塾大学日吉新研究室楼
规划地区 神奈川县横滨市港北区
建筑用途 大学（研究楼）
设计单位 清水建设
建筑层数 地上7层
建筑面积 18606.28m²
建筑结构 钢结构（隔震结构）

利用中庭作为自然换气和火灾时自然排烟的通道

在屋面桁架的侧面设置250m²，在底部架空层的侧面设置50m²的换气口

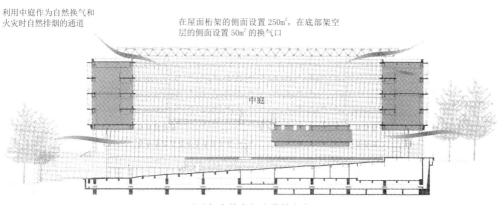

[7] 与室外空气连通的中庭

医院的特点 [1]

医院的形式多种多样。有涵盖各种诊疗科目的综合医院，也有只设单一诊疗科目的专科医院。医院除了有病房楼外，还有诊疗、CT和MRI等检查、放射、手术、理疗、药房等各种医疗设施。此外，医院作为地震发生时所在区域的安置设施，还必须具有足够的安全性。进行医院设计时应特别注意以下事项：

（1）医院利用人群包括入院患者、探望人员、医师、护士、工作人员等各种人员，各种年龄段的特定人群和非特定人群。其中有疏散能力低下的患者，特别是在手术室、ICU等中甚至有移动困难的患者。

（2）病房楼为就寝设施，夜间工作人员少。

（3）设备管线、电线、管道等多，有一些横穿防火隔墙。

（4）有寝具等可燃物品，还有药品、煤气和同位素等危险物。

（5）以诊疗室、病房、检查室等小房间为主，连接各房间的通廊变长。

医院的防灾计划

在住院病人中，能够利用楼梯自己逃生的患者不多。此外，在患者夜间疏散时需要较长时间。因此控制烟气扩散、确保安全疏散空间、延长疏散容许时间是设计中的重点。对于疏散能力低下者多的病房楼经常采用以下策略。

水平疏散分区 [2]

在同一层中设置多个防火防烟分区，以限制火灾危险性的波及范围，达到减少疏散人数的目的。将着火区的患者临时水平移动至其他分区以确保安全，然后根据需要依次将患者向地面疏散。

在疏散通道上也会有防火门。考虑到担架和轮椅等的通行需要，应注意门的开启方向。

在每个分区内，为了避免成为死路，至少应设置一部既作为最后的疏散路线，又作为消防、救助活动临时据点的楼梯。

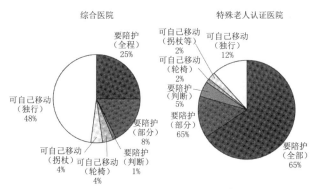

[1]住院患者的疏散行动分布[1]

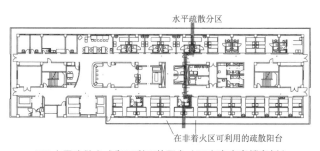

[2]水平疏散方式和可利用的阳台（双走廊病房楼实例）

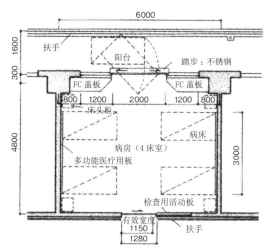

[3]病房与阳台的关系[2]

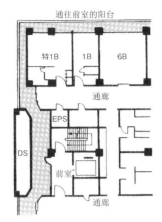

[4]通往疏散楼梯的阳台[2]

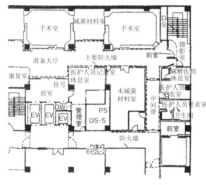

[5]笼城防火分区划分实例[2]

疏散阳台 [3][4]

火灾时，首先将患者移动至烟污染危险低的阳台，然后按照顺序从坡道和楼梯疏散。从疏散角度考虑阳台应有足够的宽度，另外还应保证通往阳台的入口和从阳台到疏散设施的入口能够顺利开锁，避免紧急情况时出现问题。

笼城计划 [5]

手术室、ICU、婴幼儿室等的病人无法凭自己能力疏散。在这些设施中，首先应预防室内着火，并使其成为笼城，以保证着火房间的火灾被扑面之前不受火灾的影响。应特别重视管道类、防火墙等的细部处理。排烟设备、紧急用电器系统等设备系统应独立。在笼城应有与外部联络的通信方法，还应确保有不穿过着火房间的疏散通道和消防队员的救火通道。

参考文献

1）日本火災学会編：火災便覧 第3版，共立出版，1997.
2）日本建築センター：新・建築防災計画指針，(財)日本建築センター，1995.
3）北九州消防局：済正会八幡病院火災，火災，Vol.23，No.3，1973.

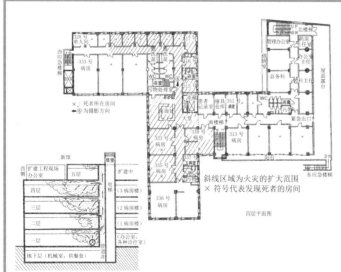

■济生会八幡医院火灾[3]

1973年3月8日凌晨3点左右，医师值班的1层诊疗室着火。医师和门卫用灭火器和室内消火栓试图灭火，但没有成功。火势向吊顶内蔓延，并进入施工时未封闭的管道井，火势沿着竖井内管道的包覆层、电缆包覆层蔓延，从上层施工未封闭的位置向各层延烧，造成火灾蔓延。

由于护士未意识到火势可能蔓延至上层，而把精力放在二层ICU患者和婴幼儿的疏散上，造成上层患者疏散行动延误。以竖井为中心的火势从一层一直蔓延至四层，由于四层南侧的病房位于死角，被浓烟和高温阻断了疏散通道的住院病人中，有13位行动不便的高龄者死亡。

病房楼被划分成 5 个防火分区的例子

该医院为大型综合医院，考虑未来的更新和扩建，修建了一条名为医院大道（hospital street）的道路。沿着这条道路并排布置着门诊楼、诊疗楼和住院楼。

在住院楼，从卫生的角度考虑没有布置疏散阳台，主要采取了以下措施。

（1）以水平疏散为主，将每层分成 5 个防火分区。使有移动困难病人的 ICU 和 HCU 等房间能够变为笼城。

（2）在东侧、北侧和南侧的三个位置设置了消防阳台，在屋面上设置了直升机停机坪。

（3）保证通廊的最小有效宽度 2.7m，使至少 2 张病床可以同时通过。

（4）病房的出入口与感烟装置联动。

建筑名称 东京大学医学部附属医院
规划地区 东京都文京区本乡
设计单位 东京大学设施部，东大医院设备计划室，东京大学建筑系长泽研究室，冈田新一设计事务所
建筑面积 建筑总面积 65638m²
　　　　　占地面积 4943m²
建筑层数 地下 3 层，地上 15 层
建筑结构 钢结构
病床数 1046 个

参 考 文 献
1）新建築，2007 年 6 月号.
2）岡田新：次世代の高度先端医療を目指すヒューマンホスピタル安全性を追求した防災・構造計画，建築防災，(財)日本建築防災協会，pp.2-7，2002.10.

[1]鸟瞰照片（摄影：新建筑社，小川重雄）[1]

门诊楼　　　诊疗楼　　　住院楼　　四层平面

[2]总平面图[2]

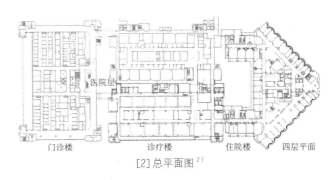

[3]入院楼标准层防火分区（设计方案）[3]

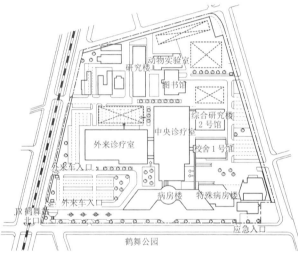

[4]鸟瞰照片

[5]布置图

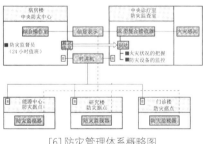

[6]防灾管理体系概略图

以防灾管理体系为重点的大型医院

名古屋大学鹤舞小区（医学院附属医院）的防灾监控系统设在病房楼中的中央防灾控制中心。该中心作为鹤舞小区所有设施的防灾指挥枢纽，具有对各建筑全面监控的功能，对各建筑实行24小时全程监控，起着小区内防灾监控系统中枢的作用。

由于该小区完成时的面积达到200000㎡，属于大型小区，因此中央防灾中心设置了综合控制平台，并在新中央诊疗楼中设置了地质雷达型复合接收器，对小区进行全面防灾管理。

该医院病房楼在每层设置三个防火分区，并在东西疏散楼梯处设置宽敞的休息平台，使初次疏散可以通过水平移动实现。另外，4床病房可利用阳台疏散，按雁形排列的单人间可利用窗户水平疏散。此外在三个防火分区中都设置了消防电梯。

建筑名称 名古屋大学医学院，附属医院
规划地区 名古屋市昭和区鹤舞
建筑用途 大学、医院
设计单位 名古屋大学设施管理部、设施计划推进部、柳泽研究室、石本建筑事务所、教育设施研究所、NTT Familiies 等
建筑层数 地下2层，地上14层
建筑面积 209000㎡（完成时）

参 考 文 献
志田弘二，辻本誠，柳澤忠：火災発生に伴う人命危険の評価法，日本建築学会計画系論文報告集，第368号，pp.69-77，1986.

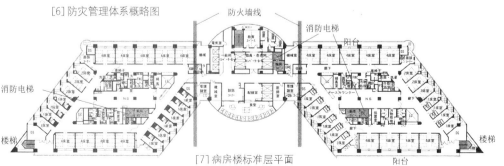

[7]病房楼标准层平面

大型体育设施中，室外设施占多数，最近室内设施也在逐渐增加。室外设施由于受气候条件影响使用用途有限；而室内设施不仅可以举行体育赛事，还可以用于展览、音乐会等多种用途。

人们一般认为室外设施比室内设施更安全。但实际上，对于大型设施来说，无论是室外还是室内，需要采取安全措施的项目内容是相同的[1]。该类设施由于容纳的人数高达数万规模，必须防止人群的拥挤和践踏。特别是足球场，由于人群亢奋发生混乱的群体事件很多。

防灾设计要点[1]

从体育设施到公共交通工具之间的衔接管理不到位是引发交通事故和产生混乱的根源。另外由于会有大量的观众聚集在设施周围的广场上，还必须防止观众之间的摩擦造成混乱。

平面布置中最重要的是看台观众席的布置。布置不同，不仅容纳人数存在很大差异，退场需要的时间（＝疏散时间）也不同。平面布置时应注意防止观众长时间滞留一处，保证观众能够有组织有秩序地离场和疏散。

剖面设计中最重要的是看台的坡度。坡度越大视野越好，但坡度过陡会增加行走时的危险。

设备设计中最重要的是信息管理。当紧急情况发生时，应能迅速掌握事态的发展状况，并根据需要在关键时刻发出指令。

与周围设施流动容量的关系[2]

进行大型体育场馆设计时，不仅要考虑建筑或者建筑用地内的设计，还必须考虑至交通运输工具的人流路线。在地铁等出入站口应增设进出站闸口和卖票设备，还应加宽或增设人流路线上的步行桥等。

对于足球场，为了防止球迷之间发生冲突，有时将通往体育场的路线和入口与排队场所分开设置。

设计要点		安全措施应考虑的事项	
占地计划	地域对策	考虑周边环境和对当地住民的影响	
	来往线路的安全和舒适	体育场馆到公共交通工具的距离 车站、道路、步行桥等的容量和安全性	
布置计划	场外的危险预案	排队等待场所 与球迷的分离 室外疏散场所	
	防止突发事件引起的混乱	消防队员流线与疏散者流线的分离	
平面计划	防止混乱	禁止观众进入比赛区或演出区 出入口的分离（选手、观众、相关人员）	
	观众席上的交通流线	出口和通廊的形状与布置 出入口和通廊的容量（疏散时间） 临时观众席的移动方式 残疾人措施（轮椅席）	
	应急设施	保安总部（场内监控） 急救室（观众用、选手用）	
剖面计划	看台的坡度	看台的坡度 坡度大时的应对措施（设置扶手等） 观众席的前后间距	
	看台上的屋面	屋面铺设材料的防火性能	
设备计划	照明	停电时的紧急照明	
	信息的收集和传播	通信设备 监控摄像头（场内、场外） 场内播放设备	
管理运营	观众组织	观众区与球迷的分别设置 降低峰值人群	
	安保	与警察和消防的协同管理	

[1] 大型体育场馆的防灾设计要点

在2002年世界杯足球赛期间，采取了以下措施：把观众席分成四个区，对每个区分别指定不同的下车站和入场路线，避免了不同队球迷的相互交叉；为防止发生混乱，在JR鹤丘站道口布置了保安人员。

[2] 体育场周围交通流线设计
（长居陆上竞技场，设计：大阪市城市整备局）[1]

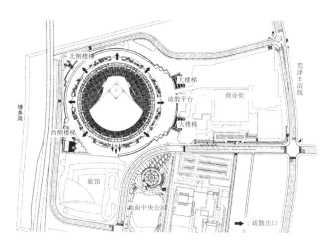

在一层的建筑周边布置消防通道，并在重要位置设置出入口。消防车可以直接进入内部田径场。疏散者沿着疏散通道进入三层人工地面。人工地面的规模可以容纳所有疏散者。疏散人群可利用楼梯下到地面广场。

[3]消防流线和疏散者流线（福冈穹顶式体育馆）

使用用途	着火场所	疏散对象	比赛场疏散时间	屋外疏散时间
体育比赛（集会）	田径场	看台上的观众	8 分钟 *1	15 分 *5
	卖场	看台上的观众	12 分钟 *2	
集会	田径场	田径场上的观众	12 分钟 *3	
	卖场	田径场上的观众	12 分钟 *3	
展览	田径场	田径场上的观众	12 分钟 *4	
	卖场	田径场上的观众	—	

比赛场疏散时间：看台或田径场上的所有人员疏散到中央大厅或通廊等处所需的时间。
室外疏散时间：看台或田径场上的所有人员疏散到室外所需要的时间。
*1：集会处着火时，考虑了一定富余度后设定的烟下沉至屋面下方（上端观众席最上层楼面 +5.6m）处时所用时间（约 13 分钟）。
*2：由于田径场不会着火，所以设定的时间比 *1 略长。
*3：考虑了一定富余度后设定的烟下沉至上段看台出入口楼面 +5.3m 处时所用时间（约 16 分钟）。
*4：考虑了一定富余度后设定的烟下沉至下段看台出入口楼面 +6.8m 处时所用时间（约 18 分钟）。
*5：设定的疏散者等待时间极限值。

[4]疏散所用时间目标值的设定例（屋面高度为 60m 的穹顶式建筑）

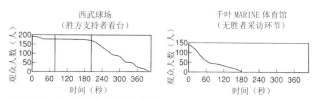

左图表明胜者一方的支持者在采访结束之前几乎无人离场；右图显示由于没有安排胜者采访环节，观众在比赛结束后直接离场。

[5]棒球比赛时，有无安排胜者采访对棒球退场时间的影响[2]

救急车辆与疏散人群的分离 [3]

有些设施采取了避免涌向场外的观众妨碍救急车辆进入的人车分离措施。

疏散时间的设定 [4]

疏散时间主要由出入口的宽度和通道的宽度决定。在很多地区以地方法规的形式对疏散时间进行了规定。但是由于不是以数万人的体育场馆为前提，所以按照这类地方法规设计体育场可能会出现不合理的情况。

设计体育场馆时，为了使设计合理，可采用性能化设计。对于室内体育设施而言，根据烟气模拟结果设置疏散时间目标值，按照在设定时间内完成疏散的目标确定疏散设施的容量。在确定容量时，可以先假定疏散人流量，再根据各个通道的疏散人数确定通道的宽度。但是如果只考虑烟气，计算出的疏散时间目标值可能达到几十分钟。当疏散时间过长时会对人的心理产生不良影响从而引发混乱。所以确定疏散时间目标值时不能只考虑烟气一种因素。

室外体育场没有屋面，因此无法通过烟气下沉时间确定疏散时间目标值。但考虑到紧急情况时的疏散和平时入场离场的组织管理，应采用与有屋面体育设施相同的疏散时间目标值。

人群流量的控制 [5]

在体育场馆中，比赛或活动结束时，观众开始退场的最初几分钟是最拥挤的时候。出入口和通道的宽度如果按照高峰时段的人流设计是不合理的。此时最有效和常用的方法是降低峰值人流量。比如，棒球比赛结束后设置胜者采访环节，可以起到延缓胜者支持人群退场时间的效果。

参考文献
1）日本建筑学会编：建筑设计资料集成-人间，丸善，2003.
2）岸野纲人ほか：観客の退席経路の選択に関する調査・研究（スタジアムにおける避難解析その2），建築学会大会梗概集（計画系），1995. 8.

札幌穹顶式体育馆的特点

札幌体育馆是固定屋面式的穹顶建筑，比赛场的容积达到 $1740000m^2$，屋面高度为 $63m$。足球比赛时的容纳观众人数为 43200 人。为了足球场地天然草坪的生长和养护，在没有足球比赛时，将足球场地平移到与体育场相邻的露天比赛场上。天然草坪比赛地面的移动采用被称为"滚动地坪"的空气顶升方法进行。

防灾计划概要

由于该建筑为多功能设施，除了体育赛事之外，还可用于集会、音乐演出以及各种展览会等。因此制定防灾措施时应考虑各种场合中可能存在的危险因素。

将运动场的比赛场和观众席包括集会广场在内作为一个防火分区考虑。排烟采用大空间蓄烟方式。在屋面上局部位置设置用于消防活动的自然排烟口。

[1]札幌穹顶式体育馆外观

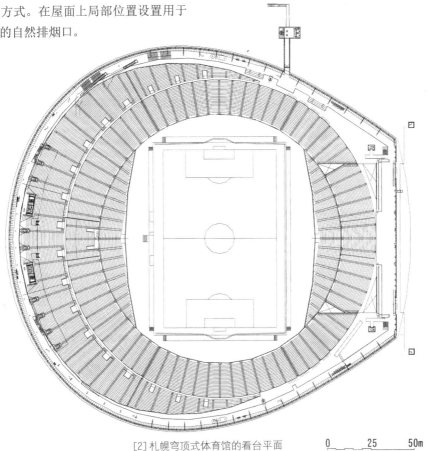

[2]札幌穹顶式体育馆的看台平面

0   25   50m

比赛场（看台＋运动场）
（空间容积1740000m³）

比赛场屋面高度
63.22m

观光大厅

疏散楼梯

监控
监视员室
透明观光电梯，透明楼梯
（从二层至上层）
三层观众席

观光升降梯

看台

回廊

二层观众席

一层中央大厅

露天平台

一层观众席

一层中央大厅

管理区

运动场

管理区

选手、运营区

0   25   50m

[3]剖面

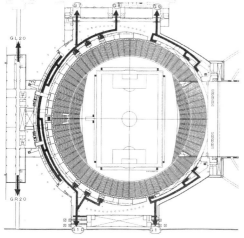

34.6m

[4]着火10分钟后的烟层高度

疏散设计

　　看台未采用多段形式，只有一个坡度（单坡式）。这在同等规模的穹顶式建筑中属于特例。在建筑周围均匀设置出入口，出入口的宽度根据各出入口可负担的人数决定。

　　考虑到积雪时的情况，将主要避难层设置在一楼。当无积雪时也可疏散至二层的露台上。救急车辆可以从地下一层直接进入穹顶建筑的内部。

　　穿出屋面部分是可以眺望穹顶建筑内景和外景的展望台。由于展望台位于高处，火灾时烟气最先到达，所以必须采取防烟措施。

　　根据烟气模拟分析可知，当举办音乐会或展览会时，烟气降至看台容许烟层高度22m时需要21分钟，而观众疏散完成只需要10分钟。此时烟气的高度离运动场地面有34.6m，疏散者不会受到烟气的侵害。

建筑名称　札幌穹顶体育馆
规划地区　札幌市丰平区
建筑用途　足球场、游览场、多功能竞技场
设计单位　原广司＋工作室建筑研究所
建筑层数　地下2层，地上4层
建筑面积　98281m²
建筑结构　钢结构、混凝土结构、钢骨混凝土结构

常年（积雪时、非积雪时）疏散路线
积雪时关闭的路线
一层背面各室的疏散路线

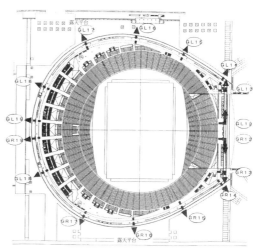

[5]平时的疏散路线　　　　　[6]无雪时通往露台的疏散路线

黑盐体育场大跨结构中采用了大量的木结构，是在保证不发生火灾蔓延和结构安全的前提下，实现大空间屋面下整体运动空间的例子。

建设该场馆的目的是用于2002年夏季在高知县举办的全国游泳锦标赛。该体育设施由夏季可作为50m的游泳池、冬季可作为体育馆使用的可变功能运动场、常年开放的25m泳池、观众席和3层训练馆等组成。该设施在全局上作为一个整体使用，但用防火隔墙对火源少的区域进行分隔以提高防火安全性。建筑整体被大跨屋面覆盖，大跨屋面由空间钢支柱支承。

大跨屋面的结构采用钢桁架形式，局部采用高知杉木胶合板木梁；对空间钢支柱未进行防火处理。3层训练馆、多功能运动场、25m泳池的防火分隔墙上的门用强化玻璃代替防火门。针对上述设计，在假定的着火场所和火灾规模的设计条件下对整栋建筑进行了火灾安全性评定。即限制3层训练馆的可燃物使用，对训练馆内或与训练馆相邻的多功能运动场、25m泳池中有木质椅子的观众席着火时强化玻璃不会被破坏进行了确认。

此外，对屋外木平台着火时多功能运动场和25m泳池有木椅子的观众席部分、室外木质平台部分的空间钢支柱以及屋面木梁的结构安全性进行了确认。

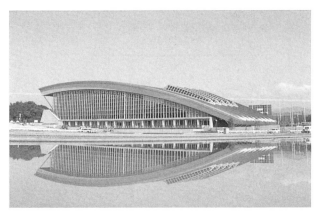

[1]全景

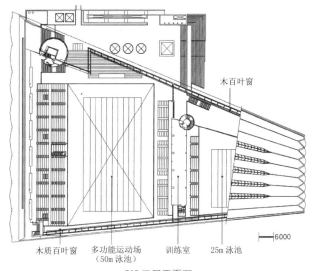

木百叶窗

木质百叶窗　多功能运动场　训练室　25m泳池
　　　　　　（50m泳池）

[2]三层平面图

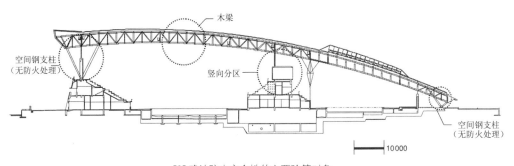

木梁

空间钢支柱
（无防火处理）

竖向分区

空间钢支柱
（无防火处理）

10000

[3]确认防火安全性的主要验算对象

[4] 25m 泳池内景

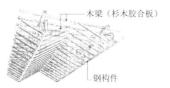

木梁（杉木胶合板）

钢构件

[5] 大跨屋面部分

该建筑在玻璃幕墙的内侧大面积使用木制百叶窗。虽然没有内装限制，但考虑到着火时可能引燃木梁采取了相应的安全措施。首先决定木制百叶窗的位置、至观众席的距离等，经确认多功能运动场、25m 游泳池的观众席着火时百叶窗被引燃的危险性极小。同时在木制百叶窗上喷刷难燃涂料，并在百叶窗的上方设置开放型自动喷淋，进行初期灭火并防止火灾延烧。

建筑名称　黑潮运动场
规划地区　高知县高知市五台山
建筑用途　室内游泳池、体育馆
设计单位　清水建设
　　　　　环境建筑设计事务所
建筑层数　地下 1 层，地上 3 层
建筑面积　15417m²
建筑结构　下部混凝土结构、上部钢结构＋木结构

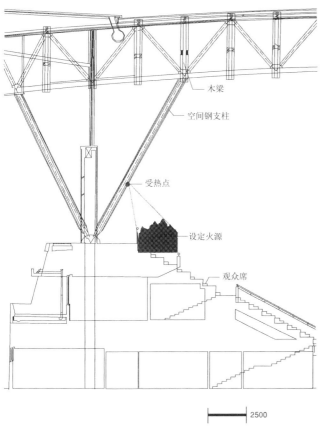

木梁

空间钢支柱

受热点

设定火源

观众席

2500

[6] 对空间钢支柱火灾时的结构安全性评价例

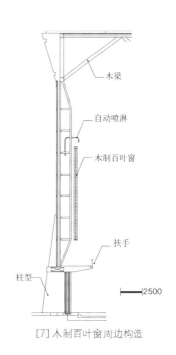

木梁

自动喷淋

木制百叶窗

扶手

柱型

2500

[7] 木制百叶窗周边构造

5. 性能化设计评价技术

5.1
疏散安全性评价方法

评价的目的和内容 [1]

建筑物防火安全的主要目标之一是为了保证建筑利用人的生命安全。疏散安全性评价是对火灾时建筑利用人是否能够安全疏散进行评价，根据评价结果对在设定的建筑利用条件下所采用的用于保证疏散安全的疏散设施和烟气控制等防火措施是否合理进行确认。

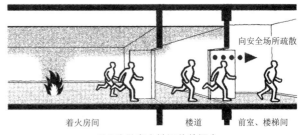

[1]疏散安全性评价的概念

评价方法 [2]

先设定作为评价对象的建筑范围，针对设计方案计算疏散需要时间和疏散极限时间。通过对疏散需要时间和疏散极限时间进行比较，判断是否能够保证疏散安全。

疏散需要时间的计算采用预测模型，计算从着火开始到疏散开始所需要的时间，以及从疏散行动开始到疏散完成所需要的时间。另一方面，计算疏散极限时间采用火灾时的烟气流动预测模型，计算从着火开始到室内环境达到对疏散行动产生不利影响状态（如烟层高度超过极限值）时所需要的时间。

由于疏散需要时间和疏散极限时间的评价是在一定假定条件下计算出来的，所以在制定安全措施时，在预测模型特点的基础上还应考虑在预测模型中难以表现的各种因素的影响。

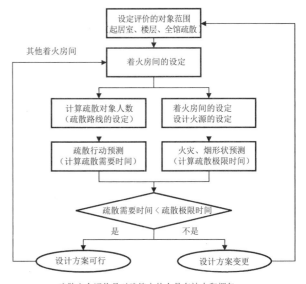

疏散安全评价是对建筑中的人员在被火和烟包围之前完成疏散至安全场所的行为进行评价。

[2]疏散安全性评价流程

评价的对象范围 [3]

评价的对象范围按照着火后疏散行动的过程可分为三个阶段：①起居室疏散，②楼层疏散，③全馆疏散。起居室疏散是以着火房间的所有人员完成向楼道等室外空间的疏散为对象，原则上应对所有可能发生火灾的房间进行验算。楼层疏散是以着火房间所在层的所有人员完成向楼梯等安全空间的疏散为对象。全馆疏散是以对象建筑的所有人员完成向室外等安全空间的疏散为对象。

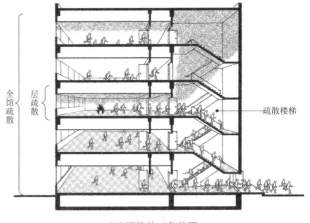

[3]评价的对象范围

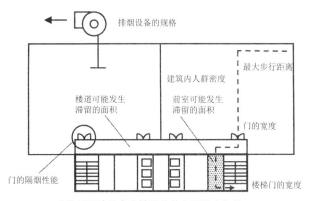

[4] 用于疏散安全性评价的主要设定条件

评价指标	评价标准	适用条件
烟层高度 $S[M]$	$S=1.8[m]$，$S=1.6+0.1H[m]$ H：吊顶高度[m]	应用最广。以空间的上部烟层形成为前提条件
烟层温度 $\Delta T[K]$	$\int_{t_1}^{t_2}(\Delta T)^2 dt \leq 1.0 \times 10^4$ t_1：烟层暴露开始时间[秒] t_2：烟层暴露结束时间[秒]	适用于挑空空间、剧场等大空间的上方有疏散路线等烟层浓度低的场合
疏散者的辐射受热强度 $q''[kW/m^2]$	$I=2.0[kW/m^2]$，或 $\int_{t_1}^{t_2}(q''-0.5)^2 dt \leq 2.5 \times 10^2$	适用于火灾房间和疏散路线之间的门为弱隔热性的玻璃或金属板的场合

[5] 疏散安全性评价标准适用例

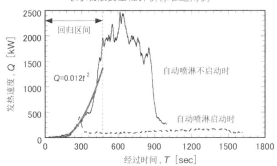

[6] 对办公室中一个工位发热速度的测量实例[1]

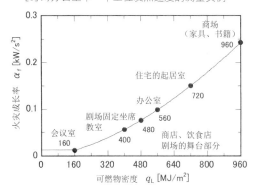

[7] 疏散安全验证法中，可燃物密度和火灾成长率的关系

与评价有关的主要因素 [4]

决定疏散需要时间的主要因素与设施的利用者和疏散设计有密切的关系。在初步设计阶段，根据建筑利用者的特点布置疏散设施和合理划分防火防烟分区可缩短疏散需要时间。与烟气下沉时间相关的主要因素与防排烟设计关系密切，合理设计门的隔烟性能、布置排烟设施可延长疏散极限时间，还可以限定烟的传播范围。

评价标准 [5]

疏散极限时间由烟层的高度、烟层的温度和浓度、疏散者对火焰施加的热辐射强度的耐受程度等指标决定。

评价中设计火源的设定 [6][7]

设计火源的设定对烟气下沉时间的评价结果有很大影响。由于火灾房间的用途决定了火灾时的燃烧特性，所以当房间用途发生变化时需要重新进行安全性评价。

疏散安全性评价的对象是火灾的成长阶段，即从着火开始到恒定燃烧状态的阶段。安全性评价中，当用发热速度（Q）作为火灾成长阶段的火源指标时，一般与着火后的经过时间（t）的平方成正比，可以用 $Q=\alpha t^2$ 表示。其中 α 被称为火灾成长率，由着火后的燃烧扩大特性、室内燃烧物的数量以及材质决定。

建筑基准法中的疏散安全验证法，是按照可燃物发热量的密度计算火灾成长率的方法 [7]。

当然，火灾时如果自动喷淋设备启动，可以有效抑制火灾的发展。但目前所采用的一般疏散安全设计中未考虑自动喷淋设备对火灾的抑制效果。

参 考 文 献

1）掛川秀史：事務所ビルを対象としたスプリンクラーの火災抑止効果の調査・研究 その3，火災，Vol.258，2002 をもとに作成.

疏散需要时间的预测方法

疏散需要时间的计算方法有分析模型方法和计算机模型方法。分析模型方法比较简单，可通过手工计算完成，但无法考虑个体行动特点的差异。计算机预测模型方法可以详细设定各种条件，但计算时间较长。因此，在实际工作中一般多采用分析模型方法。

分析模型方法 [1]

分析模型预测方法是根据疏散人数、步行速度、出口的人流量等条件，用简单的数学公式计算疏散时间和滞留人数的方法，是防灾设计评定中常用的具有代表性的疏散计算法。用图示方法计算时间推移过程中疏散者的到达人数、通过人数和滞留人数的方法也属于分析模型的一种（见5.3）。

计算机预测模型原理 [2]

计算机预测模型方法是建立记述疏散行为的数学模型，再根据模型预测着火后疏散详细状况的方法。计算机预测模型从空间模型方法的角度可分为网络模型和坐标模型。

A. 网络模型 [3]

把建筑内部划分成单位空间，然后用线把各个单位空间连接在一起，形成空间网络模型。通过计算各个单位空间疏散者的流入流出量预测疏散行为。由于简化了空间构成和人的行动，比坐标模型简单。疏散人数多时适合采用该方法。将单位空间划分成格子状时称为格子模型。

B. 坐标模型 [4]

建筑内部的墙、门的位置用坐标定位，是真实记录空间形状的模型。从力学的角度把人群的流动假定为作用于周围墙上的力场，由力场决定疏散的方向和位置。由于可以模拟疏散者的个体行为，可用于预测不同行动能力的人在同一空间时的疏散行动。

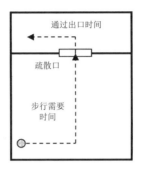
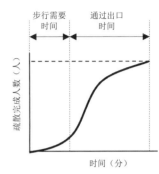

（a）疏散行为的模型化　　　（b）完成疏散人数的变化

[1] 用分析模型建立疏散行为模型的概念

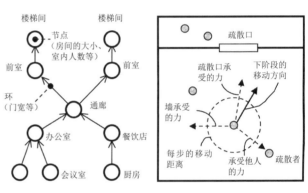

（a）网络模型　　　　　（b）坐标模型

[2] 用计算机模型建立疏散行为模型的概念

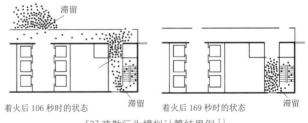

着火后106秒时的状态　　着火后169秒时的状态

[3] 疏散行为模拟计算结果例[1]

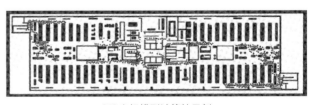

[4] 坐标模型计算结果例

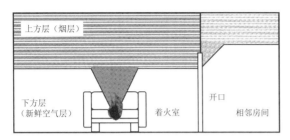

[5] 用分层（Zone）模型建立烟气流动模型的概念

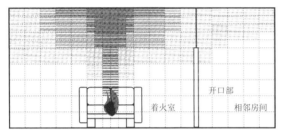

[6] 用分区（Field）模型建立烟气流动模型的概念

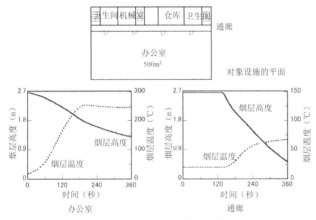

[7] 两层分层模型计算结果例

[8] 分区模型计算结果例[2]
（福冈穹顶体育馆：屋面开放状态）

烟气下沉时间的预测方法

烟气下沉时间是指在每个评价空间中，烟气从着火开始到疏散安全指标（烟气高度或烟层温度等）达到危险值时所需要的时间。

计算烟气下沉时间一般采用建筑内的烟气流动预测模型。利用烟气流动预测模型可以计算出着火之后随着时间的推移烟气扩散的状况。

烟气流动预测模型原理

计算烟气下沉时间时，可详细预测各房间内烟层高度和浓度等烟层流动状态的工学评价模型，可分为分层模型和分区模型 [5][6]。在烟气流动预测模型中，用设计火源作为假想火灾。

A. 分层模型 [7]

分层模型中假定室内由烟气层和空气层组成，各层的物理性质和化学性质是匀质的。在分层模型中又可分为两个阶段：第一阶段为火灾初期阶段，假定室内由烟气层和空气层组成的两层模型；第二阶段是进入火灾旺盛期后，假定室内为匀质的一层模型。

由于分层模型可以从宏观上把握室内烟层的状况，在现在的防火性能化设计中经常使用。

B. 分区模型 [8]

分区模型是把建筑内的烟气流动考虑为流体，用数值分析方法对流体场的运动方程式求解的模型。利用该模型虽然可以详细掌握室内烟气流动的状态，但计算工作量非常大，一般在大型运动场、穹顶式空间等特殊场合使用。

参 考 文 献
1）新建築学大系 12 建築安全論，彰国社，1983.
2）上原茂男：煙流動と避難に関する実務的研究と防災計画への適用，日本火災学会誌，Vol. 52，No. 4，2002.

疏散计算的图解法是通过一边绘图一边计算疏散时间和各处滞留人数的非常简单的方法。在向建筑防灾设计评定委员会提交的防灾计划书中，经常利用该方法进行疏散计算。它是非常实用的简单计算方法。

疏散计算的前提条件

发生火灾时，前提条件不同，疏散状况则千差万别。为了方便计算进行以下假定。

1. 疏散对象在室内均匀分布。

2. 疏散同时开始（但着火室和非着火室开始时间不同）。

3. 疏散者按照事先规定的路线疏散。

4. 步行速度为一定（没有超越或滞后）。

5. 疏散者的流动受出入口宽度的限制。

6. 有多个疏散路线时，利用最近的路线。

计算概要

该图解法首先绘制疏散行动的条形图，然后一步一步地添加人数形成流动图。

绘制流动图的目的是计算楼道或前室内的最大滞留人数。当楼道或前室狭小超过了可容纳人数时，多出的人将滞留在其外部。这种现象本身并没有问题，但是如果楼道内发生人群拥堵，会增加从起居室到安全空间的疏散时间。所以通过该计算可以对楼道或前室是否可容纳最大滞留人数进行确认。

计算结果的评价方法

计算结果包括三段时间：起居室的疏散时间、楼道的疏散时间和楼梯的疏散时间。通过对计算结果和容许时间进行比较作出最终评价。容许时间由各房间的面积或各房间面积之和的函数确定。

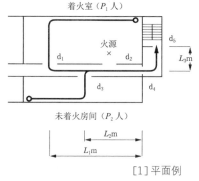

着火室（P_1 人）

火源

未着火房间（P_2 人）

假设每两个房间共用一部楼梯，着火房间的两个出口中有一个不能使用。各起居室中的行走路线绕开家具并沿直角前行。从各起居室出来的疏散者通过走廊和前室到达楼梯。

[1] 平面例

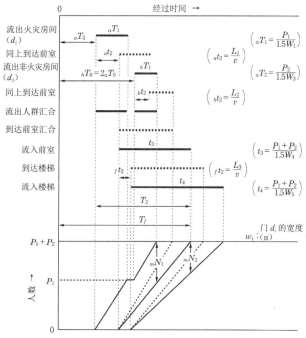

0　　　　　经过时间 →

流出火灾房间（d_1）　　　$_aT_0$　　$_aT_1$　　　　　　　$\left(_aT_1=\dfrac{P_1}{1.5W_1}\right)$

同上到达前室　　　　　$_at_2$　　　　　　　　　　　$\left(_at_2=\dfrac{L_1}{v}\right)$

流出非火灾房间（d_3）　$_bT_0=2_aT_0$　　$_bT_1$　　　　　$\left(_aT_2=\dfrac{P_2}{1.5W_3}\right)$

同上到达前室　　　　　　　　　　$_bt_2$　　　　　　　$\left(_bt_2=\dfrac{L_2}{v}\right)$

流出人群汇合

到达前室汇合

流入前室　　　　　　　　　　　t_3　　　　　　　　　　$\left(t_3=\dfrac{P_1+P_2}{1.5W_4}\right)$

到达楼梯　　　　　　　　　$_ft_2$　　　　　　　　　　$\left(_ft_2=\dfrac{L_3}{v}\right)$

流入楼梯　　　　　　　　　　　　t_4　　　　　　　　　$\left(t_4=\dfrac{P_1+P_2}{1.5W_5}\right)$

T_2

T_f

门 d_i 的宽度

P_1+P_2　　　　　　　　　　　　　　　　　w_i：（m）

P_1　　　　　　　　$_mN_1$　　$_mN_2$

人数 →

0

图的上半部分是疏散人群的条形图。图中绘制了每个阶段的需要时间和到达下个阶段所需要的时间（虚线）。各个阶段开始时间和完成时间的计算公式如图中所示。
图的下半部分是流动图，在条形图中添加了人数因素，为计算楼道、前室中的滞留人数绘图。其中纵轴为累积人数。楼道、前室中的滞留人数可由代表流入和流出的两根实线的纵向差求得。
图中公式里采用的系数 1.5 为流动系数（人/m·s），步行速度（v）采用 1.3m/s。

[2] 平面例[1] 疏散计算的作图方法

参 考 文 献
1）日本建築センター編：新・建築防災計画指針，
　　日本建築センター，1995.

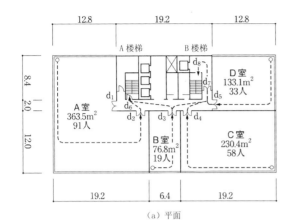

（a）平面

计算项目		A室
起居室面积	A_1 （m²）	363.5
起居室人口密度	ρ （人/m²）	0.25
疏散对象人数	N_1 （人）	91
起居室门宽度合计	（m）	1.6×2=3.2
疏散门宽度合计	ΣB_1 （m）	3.2-1.6=1.6
居室疏散 通过门 的时间 T_1：	t_{11} （s）	$\dfrac{91}{1.5\times1.6}=38$
	t_{12} （s）	40.2÷1.3=31
起居室容许疏散时间	$_rT_1$ （s）	$2\sqrt{363.5}=38$
起居室疏散评定		OK

（b）起居室疏散的验算

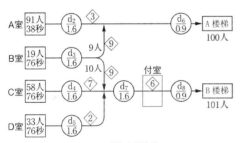

（c）疏散路线模型

计算项目	A楼梯	B楼梯
楼道疏散时间 T_2	77	82
楼道容许疏散时间 $_rT_2$	$4\sqrt{A_{1-2}}=4\sqrt{849}=116$	
楼道疏散评定	OK	OK
楼梯疏散时间 T_r	115	120
楼梯容许疏散时间 $_rT_r$	$8\sqrt{A_{1-2}}=8\sqrt{849}=233$	
楼梯疏散评定	OK	OK

（d）疏散时间的验算

	A楼梯	B楼梯	
	楼道	楼道	前室
最大滞留人数 （人）	44	48	52
滞留密度 （m²/人）	0.2	0.3	0.2
需要面积 （m²）	13.2	14.4	10.4
设计面积 （m²）	18	20	18
评定	OK	OK	OK

（e）滞留面积验算

[3]计算例

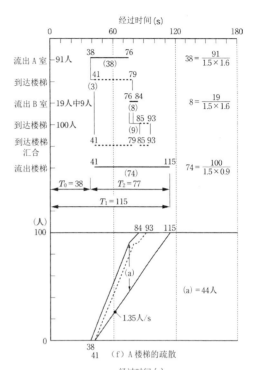

（f）A楼梯的疏散

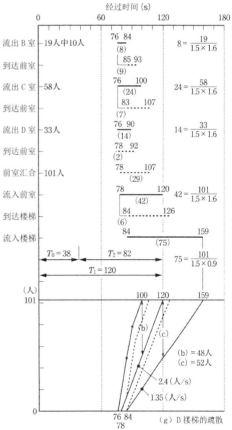

（g）D楼梯的疏散

评价的目的

对防止火灾延烧性能进行评价的目的，是通过确保防止火灾延烧性能，防止对象建筑物范围内的构件燃烧引燃周围的可燃物而引起火灾蔓延。

火灾延烧的主要路径有：

· 通过火灾房间的窗户向相邻区域延烧[1]。

· 从局部燃烧的可燃物向周边可燃物延烧[2]。

通过进行防止火灾延烧设计，确定分隔隔构件的尺寸、防火要求、与相邻可燃物之间的最小距离等[3]。

评价方法[4]

评价时首先假定影响评价对象的火源。火源大体可分为猛烈期火灾和局部火灾。

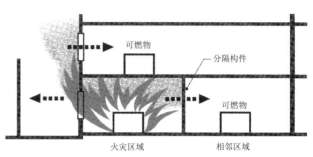

假定评价对象内部处于火灾猛烈期，对同一层的相邻区域或上一层的分隔构件的性能、与相邻栋的间隔距离进行评价。

[1]防止猛烈期的火灾向相邻分区延烧

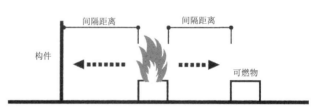

假设建筑周边的室外空间或前厅等大空间中局部着火，对构件的耐热性能、与可燃物的距离进行评价。

[2]局部火灾时防止火灾向周边构件或可燃物的延烧

设计对象	具有代表性的适用空间	目的	假设火灾	具体例子
分隔构件等的尺寸、要求	商业店铺办公室等	在同一层中防止火灾向相邻分区延烧	猛烈期火灾	进行开口位置的隔断构件设计时，应确认开口部传递的热量不会引燃相邻区隔断附近的可燃物，防止发生延烧
	挑空空间等	防止火灾向上层延烧	局部火灾猛烈期火灾	进行面对挑空空间的分隔构件设计时，应确认由下部开口喷出的火焰、挑空空间底部的火焰不会向上层扩散
可燃物之间的间隔距离	展示厅、中庭等大空间	防止火灾向相邻可燃物延烧	局部火灾	进行可燃物布置或路线设计时，应确认可燃物的燃烧不向相隔一定距离的可燃物延烧

[3]防止火灾延烧设计的设计对象例

防火分区内的火灾达到猛烈期时，可根据该分区内的可燃物重量和开口的几何形状计算出火灾持续时间和火灾房间的最高温度。

当采用防火卷帘等防火设备防止火灾向邻区蔓延时，利用火灾房间的最高温度计算分隔构件背面的温度，根据计算结果判断相邻空间的可燃物是否会燃烧。

判断火灾是否会向上层蔓延，首先计算从开口喷出的火焰高度和气流中轴的位置，再用计算结果与上层楼的开口距离进行比较，判断是否会发生延烧。

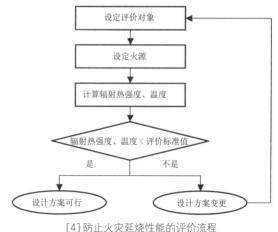

[4]防止火灾延烧性能的评价流程

评价指标	评价标准	适用场合
构件背面的平均温度 $T[K]$	$T \leq 160(^{\circ}C)$	当防火卷帘等开口构件面对火灾房间时，确认非加热一侧的可燃物是否会被引燃时使用。
可燃物所受的辐射热强度 $q''[\mathrm{kW/m^2}]$	$q'' \leq 10(\mathrm{kW/m^2})$	确认在火源的辐射热作用下可燃物是否会着火时使用。材质不同，标准值也不同。（木材时为 $10\mathrm{kW/m^2}$）

[5]防止火灾延烧性能的评价标准例

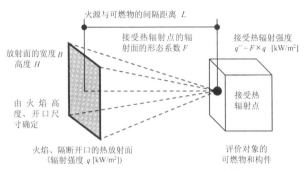

[6]接受火焰、隔断开口处热辐射的模型

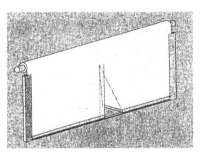

有 L 形穿墙口（walk-through）的耐火纤维布。耐火布有约 **16%** 的透光性，透过布能部分了解其背面的状况。

[7]耐火纤维布卷帘的概念图[1]

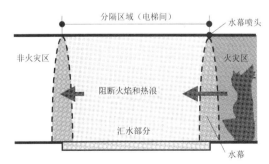

在着火可能性小的电梯间两端设置水幕喷头，通过形成的水幕和缓冲空间的效果防止火灾向相邻区域延烧

[8]用水幕设备达到隔热效果的概念图[2]

评价标准 [5]

隔热性能，也就是说避免非火灾房间的可燃物着火是防止发生可燃物延烧的重要条件之一。

评价指标有因火灾升温的构件背面平均温度、可燃物接受的辐射热强度。

接受的热辐射强度的预测方法 [6]

（1）确定火源辐射面

根据开口的大小和设定可燃物，预测形成火焰的高度，确定火源面。火焰的高度与开口、可燃物的尺寸等因素有关。

（2）预测接受的热辐射强度

用评价对象的接受热辐射点的火灾面的形态系数和火源的辐射强度，计算评价对象所接受的热辐射强度。

火源的放射强度与所燃烧的可燃物材料有关，约为 100（$\mathrm{kW/m^2}$）左右。

新型防火设备实例 [7][8]

（1）耐火纤维布卷帘[1]

是用耐火纤维布材料的幕布代替防火卷帘的防火设备。耐火纤维布卷帘的背面温度的降低效果应通过试验测定，并保证其结果低于标准值。与传统的钢卷帘比较，有质量轻、穿透性好、疏散时安全性高的特点。

（2）水幕型防火分隔[2]

是用水幕代替防火卷帘的防火设备。用喷射水幕方法阻断辐射热向相邻区域移动，防止建筑内的火灾延烧。应通过耐火炉试验实测水幕的温度降低效果。温度降低效果用温度降低系数表示，是猛烈火灾时的背面温度与室温的比值。应保证背面温度低于标准值。

参 考 文 献
1）日本建築学会编：事例で解く改正建築基準法性能規定化時代の防災·安全計画，彰国社，2001.
2）広田正之ほか：清水建設技術研究所新本館の防耐火技術，火災，267，2003.

耐火设计的目标

耐火设计的一般性目标是火灾中建筑不受损坏,建筑基准法中规定的目标性能为"火灾结束时建筑物不发生倒塌"。

确定火灾外力

火灾外力可分为四类,分区内火灾、相邻分区火灾、邻栋建筑火灾、街区火灾[1]。

针对这四类火灾进行建筑火灾承载力验算。通常情况下分区内火灾影响最大。分区内火灾的火灾规模由着火房间的燃烧物数量和易燃性、火灾房间分隔墙的厚度、新鲜空气的供给状态决定[2]。火灾规模用温度—时间关系表示,用于验算火灾承载力。

计算建筑火灾承载力

建筑受火灾荷载作用时,建筑结构的组成构件柱、梁的温度上升,会同时出现以下三种现象[3]:

①变弱(强度降低)

②变软(刚度降低)

③热膨胀

由这些现象判断建筑结构是否损坏。

验证方法有以下三种。

①材料层面的验证方法[4]

用温度判断的方法。条件为组成建筑构件的材料在温度作用下基本上未发生强度降低、刚度降低或热膨胀。建筑基准法中规定钢材达到上述条件的温度为350℃。

②构件层面的验证方法[5]

发生火灾时,即使构件材料的性能出现下降,但只要构件不破坏,依然可认为结构是安全的。基于这一概念,对常温最大荷载作用下的构件进行火灾荷载试验,以确认是否破坏的方法。

③结构骨架层面的验证方法[6]

这是耐火设计的最终目标。通过对建筑结构整体进行验算,判断建筑是否会发生破坏的方法。这是高级验证方法,一般建立在详细分析的基础上,还需要由专家进行工学上的判断,并需要获得大臣认证。

分区内火灾　相邻分区火灾　邻栋建筑火灾　街区火灾

[1]火灾外力的分类

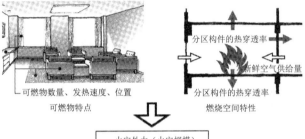

可燃物数量、发热速度、位置　　分区构件的热穿透率
　　　　　　　　　　　　　　　新鲜空气供给量
可燃物特点　　　　　　　　　　分区构件的热穿透率
　　　　　　　　　　　　　　　燃烧空间特性

火灾外力(火灾规模)
(火灾的温度一时间关系)

[2]分区火灾规模的计算

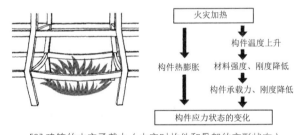

火灾加热

构件温度上升

构件热膨胀　　材料强度、刚度降低

构件承载力、刚度降低

构件应力状态的变化

[3]建筑的火灾承载力(火灾时构件和骨架的变形状态)

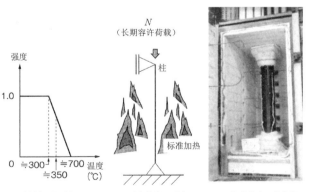

[4]材料层面的耐火性能评价(钢材时)

(a)耐火性能评价标准:试件不破坏

(b)加载状态下的热炉内试件

[5]构件层面的耐火性能评价(钢管混凝土柱时)

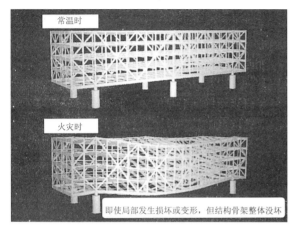

常温时

火灾时

即使局部发生损坏或变形，但结构骨架整体没坏

[6] 骨架层面的耐火性能评价（火灾时的结构骨架变形状态）

设计方法	设计火灾			主要耐火性能评价水准		
				材料	构件	骨架
A	温度 标准火灾			材料强度不下降	能够承受长期容许应力	×
A	从最上层起	1小时 四层	2小时 五～十四层	3小时 十五层以下		
B	房间用途 房间空间特性 温度 等效火灾 90分 时间			○ 同上	◎ 同上	考虑局部。当火灾房间面积大时，钢材的容许温度降低
C	温度 真实火灾 时间			◎ 也可用于特殊材料的评价	◎ 可用于极限强度的验证	◎ 允许局部构件破坏

[7] 建筑基准法的耐火设计方法和耐火性能评价方法

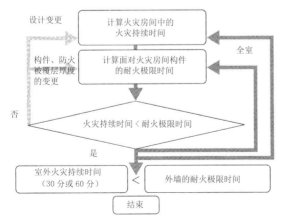

[8] 耐火性能验证法（公告 1433 号）的概要

判断

通过以上计算得到的各水准的火灾承载力和火灾外力进行比较，当火灾承载力大于火灾外力时，耐火设计结束。

建筑基准法的应用 [7][8]

按照建筑基准法的规定，现在的耐火设计分为三种方法：A方法、B方法和C方法。

A方法是从建筑的最上层向下按照楼层数规定耐火极限，耐火极限范围为30分钟～3小时。然后根据耐火极限选择经过认定的耐火结构设计方法。

B方法是依据2000年建设省公告第1433号公布的"耐火性能验证法"进行设计的方法。该耐火性能验证法中，首先用可燃物和燃烧空间的特性计算假想火灾房间中的火灾持续时间；然后计算面对火灾房间各构件的耐火极限时间；最后当确认各构件的耐火极限时间大于火灾持续时间时则设计结束。但对于受街区火灾等外部火灾作用的外墙，则要求耐火极限时间能够抵抗30分钟或60分钟的标准火灾。

C方法适用于建筑中采用了未经认证的特殊构件的耐火设计。进行耐火设计时，特殊构件以外的构件仍用耐火性能验证法，只有特殊构件采用C方法。C方法是利用各种工学手段证明特殊构件对于设定的火灾能够满足设计要求的方法。

参 考 文 献
1）建築物の総合防火設計法，(財)日本建築センター，1989.
2）耐火性能検証法の解説及び計算例とその解説，井ト書院，2001.

防火材料

合理选择防火材料（不燃材料、准不燃材料、难燃材料）是针对初期火灾的防火对策之一。对防火材料进行评价的试验方法有：① 不燃性试验，② 发热性试验，③ 模型箱试验，④气体有害性试验。其中试验方法①、②、③是确认材料的燃烧特性，试验方法④是确认试验对象燃烧时是否会产生妨碍疏散的烟或毒气。原则上，不燃材料的评价采用方法①和方法②中的任意一项试验，以及方法④的试验；准不燃材料或难燃材料的评价采用②和③中的任意一项试验，以及④的试验。

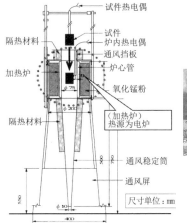

加热炉上方
（试件插入之前）

[1]不燃性材料试验装置

不燃性试验 [1][2]

该实验方法执行 ISO 1182 中的规定。该方法针对材料对火势扩大是否产生直接影响进行评价。

该试验的对象是无机质材料等自身难燃的材料，因此当试验结果判定为合格时，可以不进行发热性试验及其他防火材料的性能确认试验。

加热试验采用电炉。把试件（直径45mm，高 50mm 的圆柱体）插入 750℃恒温的电炉内，测量此时炉内温度的上升值。当产品的厚度小于 50mm 时，应多层叠放形成高度为 50mm 的圆柱体。

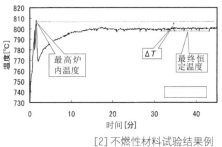

判断标准：从试件插入加热炉到实验结束，炉内的上升温度与最终恒定温度的差值不超过 20℃（ΔT），试验结束时试件的质量减少不超过 30%。

[2]不燃性材料试验结果例

发热性试验 [3]

该试验方法执行 ISO 5660-1 中锥形量热仪法的规定。本试验的目的是测量材料的发热量。具体方法是分析气体的成分（氧气、二氧化碳和一氧化碳），然后用氧气消耗法计算发热速度。氧气消耗法的原理是燃烧时消耗单位质量的氧气所产生的热量一定，约为 13.1MJ/kg，与材料的种类无关。通过计算燃烧中化学量论（化学反应与量的关系的理论）意义上的氧气量，就可以求出材料的发热速度。发热速度是预测火灾特性的主要因素之一，也用于疏散和防火设计。

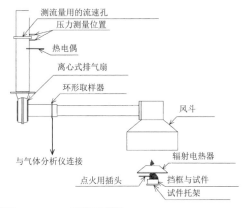

用电热炉（圆锥状）向试件托架中的试件表面（99×99mm）施加辐射热（辐射热强度 50kW/m²：按照说明书要求），用风斗收集试件所产生的热分解气体。

[3]发热性试验装置

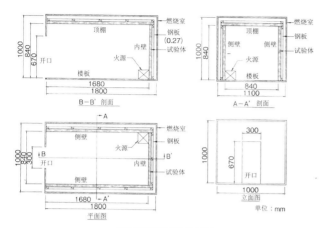

[4] 模型箱试验用试件

单位：mm

从开口处火焰向外喷出，可以确认发生了闪燃

[5] 模型箱试验的试验状况

模型箱试验 [4][5]

模型箱试验是接近实际火灾特性的试验方法。适用于用①和②试验方法中的小试件无法测试的材料，以及受热发泡的材料（防火涂料等）。测量原理与发热性试验一样，用风斗收集热分解气体，用氧气消耗法计算发热速度。如模拟箱试验用试件图所示，将试件装进只有一个开口的箱体内进行试验。用煤气炉做火源，放在试件的角部。本试验模拟简易房间，还可以确认是否发生闪燃。

气体有害性试验 [6]

是对燃烧产生气体的有害性进行评价的试验，利用动物（老鼠）进行实验。该实验通过对试件燃烧中产生气体的毒性与日本传统建筑中使用的木材比较，判断是否有毒性。

每次试验使用 8 只老鼠，以 8 只老鼠的平均行动停止时间大于 6.8 分钟作为评价标准。这里的平均行动停止时间是指 8 只老鼠行动停止时间的平均值减去标准偏差值。试验是将试件（尺寸：22cm×22cm）放进加热炉，用煤气炉或电炉加热。采用煤气炉时，从试验开始到试验结束（实验开始后 6 分钟）连续加热。采用电炉辐射加热时，从实验开始 3 分钟后加热至试验结束。

燃烧产生的气体由加热炉上的搅拌箱收集，然后输送至装有老鼠的试验箱中。

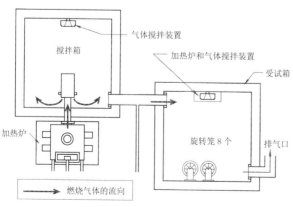

[6] 气体有害性试验装置

防耐火结构

对材料防耐火性能的评价，是使用加热炉对各种结构构件（墙、柱、板等）直接加热，确认材料的非损伤性能、隔热性能和隔火焰性能。加热炉有水平炉、柱炉和壁炉。

在认证试验中，要求测温时间是目标耐火时间（加热时间）的3倍，通过对温度的连续测量确认加热后的耐火性能。而对准耐火结构和防火结构，由于没有要求这方面的性能，在加热结束的同时试验结束。

标准加热曲线 [1]

防耐火结构试验按照 ISO 834 中规定的标准加热温度曲线进行加热，重现"一般火灾"的发生状态。这是在被分隔的空间中模拟火灾从燃烧到猛烈期的过程，相当于耐火性能验证法（2000年建设省告示第1433号）中火灾温度上升系数（α）为460时的情况。

水平炉 [2][4]

水平炉用于对楼板、梁和屋面等的试验。在对梁进行试验时，把梁装进炉内，除上表面外对梁的其余三面进行加热。所示图为载荷加热的场景。与用壁炉加热一样，根据条件也可以在无载荷的情况下进行试验。此外水平炉也可用于使用隔振橡胶隔振装置的耐火性能试验。

对楼板或屋面进行试验时，应把试件板作成像水平炉的盖子一样。除了非上人屋面之外，在模拟屋面的试件上用砝码施加 $65 \mathrm{kg/m^2}$ 的荷载。

对楼板试验时，在楼板标高的下方设置传感器、油压千斤顶等加载装置。

柱炉 [3][5]

柱炉用于柱子试验。用柱炉可以对柱子4面加热，这是加热条件中最难的一种。

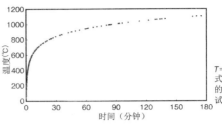

$T = 345\log_{10}(8t+1) + 20$
式中，T 表示炉内温度的平均值（℃），t 表示试验经过的时间（分）

[1]标准加热曲线

[2]水平炉的外观   [3]柱炉的外观

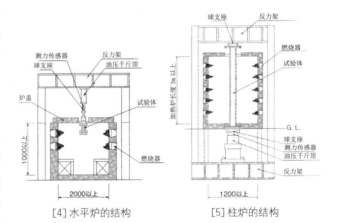

[4]水平炉的结构   [5]柱炉的结构

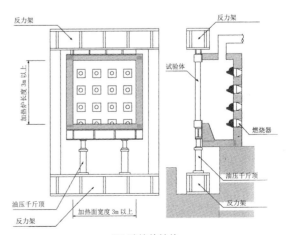

[6]壁炉的结构

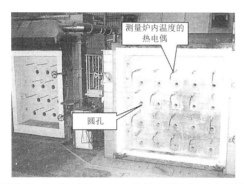

图中小圆孔为煤气孔，均匀布置，可以对试件进行整体加热。在火孔的上方设置热电偶用于测量炉内温度。通过开合煤气调整炉内温度，加热按照 ISO 规定的标准加热曲线进行。

除隔墙等非承重墙外，对平时受竖向荷载作用的构件进行加热试验时，原则上应在载荷状态下进行。试件的加载利用设置在试件下方的油压千斤顶。所加荷载相当于主受力截面上产生长期容许应力的荷载。但是在耐火结构中，当主要承重构件为钢材时，如果只是测量钢材温度，也可以在非载荷状态下进行加热试验。

[7] 壁炉的外观

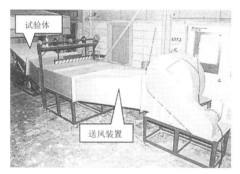

[8] 屋面防飞溅火花性能试验装置

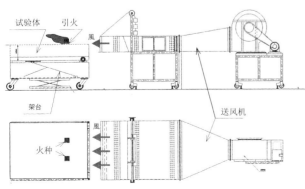

[9] 屋面防飞溅火花性能试验装置的结构

壁炉 [6][7]

壁炉用于隔墙、外墙、防火设备等耐火性能试验，与防耐火结构一样按照标准加热曲线加热。试验中，如果在未加热面没有产生火焰，则可判定为有隔火焰性能。在这里火焰是指持续 10 秒以上的火焰。小于 10 秒的火焰被称为闪燃，与火焰是有区别的。

当防火设备用于竖井分区等需要防止烟扩散的场所时，要求具有隔火焰性能。此外对于电梯前门、疏散时要求自动开合的门，还应用专业方法确认其开合功能。

穿过防火隔墙的管线设备等

对穿过防火隔墙的管线设备等，根据实际情况，穿墙时采用壁炉，穿板时采用水平炉进行试验。按照标准曲线进行加热，以在未加热面没有火焰喷出、未产生可通过火焰的裂缝为合格与否的判别标准。

屋面防飞溅火花性能 [8][9]

评价屋面防飞溅火花性能的试验装置由送风装置和搁放试件的台架组成。搁放试件台架的角度可以在 0°～30° 范围内任意调节。按照规定，试验时台架的角度，当屋面坡度为 0° 时取 0°、15°～30° 时取 15°、30°～70° 时取 30°。

试验时在试件上设置 2 个小木架（用小方木搭建的井字架），将其视为从附近飞来的火花并以此作为火源。用鼓风设备向试件上吹风（风速约 3m/s），观察火种的延烧状况和试件是否被烧穿，根据其结果对试件进行评价。

相关图书介绍

- 《国外建筑设计案例精选——生态房屋设计》（中英德文对照）
  ［德］芭芭拉·林茨　著
  ISBN 978-7-112-16828-6（25606）32 开 85 元

- 《国外建筑设计案例精选——色彩设计》（中英德文对照）
  ［德］芭芭拉·林茨　著
  ISBN 978-7-112-16827-9（25607）32 开 85 元

- 《国外建筑设计案例精选——水与建筑设计》（中英德文对照）
  ［德］约阿希姆·菲舍尔　著
  ISBN 978-7-112-16826-2（25608）32 开 85 元

- 《国外建筑设计案例精选——玻璃的妙用》（中英德文对照）
  ［德］芭芭拉·林茨　著
  ISBN 978-7-112-16825-5（25609）32 开 85 元

- 《低碳绿色建筑：从政策到经济成本效益分析》
  叶祖达　著
  ISBN 978-7-112-14644-4（22708）16 开 168 元

- 《中国绿色建筑技术经济成本效益分析》
  叶祖达　李宏军　宋凌　著
  ISBN 978-7-112-15200-1（23296）32 开 25 元

- 《第十一届中国城市住宅研讨会论文集
  ——绿色·低碳：新型城镇化下的可持续人居环境建设》
  邹经宇　李秉仁　等　编著
  ISBN 978-7-112-18253-4（27509）16 开 200 元

- 《国际工业产品生态设计 100 例》
  ［意］西尔维娅·巴尔贝罗　布鲁内拉·科佐　著
  ISBN 978-7-112-13645-2（21400）16 开 198 元

- 《中国绿色生态城区规划建设：碳排放评估方法、数据、评价指南》
  叶祖达　王静懿　著
  ISBN 978-7-112-17901-5（27168）32 开 58 元

- 《第十二届全国建筑物理学术会议　绿色、低碳、宜居》
  中国建筑学会建筑物理分会　等　编
  ISBN 978-7-112-19935-8（29403）16 开 120 元

- 《国际城市规划读本 1》
  《国际城市规划》编辑部　编
  ISBN 978-7-112-16698-5（25507）16 开 115 元
- 《国际城市规划读本 2》
  《国际城市规划》编辑部　编
  ISBN 978-7-112-16816-3（25591）16 开 100 元
- 《城市感知 城市场所中隐藏的维度》
  韩西丽　［瑞典］彼得·斯约斯特洛姆　著
  ISBN 978-7-112-18365-4（27619）20 开 125 元
- 《理性应对城市空间增长——基于区位理论的城市空间扩展模拟研究》
  石坚　著
  ISBN 978-7-112-16815-6（25593）16 开 46 元
- 《完美家装必修的 68 堂课》
  汤留泉　等　编著
  ISBN 978-7-112-15042-7（23177）32 开 30 元
- 《装修行业解密手册》
  汤留泉　著
  ISBN 978-7-112-18403-3（27660）16 开 49 元
- 《家装材料选购与施工指南系列——铺装与胶凝材料》
  胡爱萍　编著
  ISBN 978-7-112-16814-9（25611）32 开 30 元
- 《家装材料选购与施工指南系列——基础与水电材料》
  王红英　编著
  ISBN 978-7-112-16549-0（25294）32 开 30 元
- 《家装材料选购与施工指南系列——木质与构造材料》
  汤留泉　编著
  ISBN 978-7-112-16550-6（25293）32 开 30 元
- 《家装材料选购与施工指南系列——涂饰与安装材料》
  余飞　编著
  ISBN 978-7-112-16813-2（25610）32 开 30 元